三日《みっか》の命《いのち》を救《すく》われた犬《いぬ》ウルフ

殺処分《さつしょぶん》の運命《うんめい》からアイドルになった白《しろ》いハスキー

池田《いけだ》まき子《こ》

＊目次《もくじ》＊

杉林《すぎばやし》のなかにある動物《どうぶつ》管理《かんり》センター。

＊管理《かんり》センターを訪問《ほうもん》＊

三月下旬《がつげじゅん》。

秋田市《あきたし》の南《みなみ》のはずれ。雄物川《おものがわ》が日本海《にほんかい》に注《そそ》ぎこむ河口《かこう》に位置《いち》するこのあたりは、海《うみ》から吹《ふ》きつける風《かぜ》が冷《つめ》たく、春《はる》はそこまできていながら、足踏《あしぶ》みをしているかのようです。

県道《けんどう》五十六号線《ごうせん》に連《つら》なる杉林《すぎばやし》。その奥《おく》に、秋田県動物管理《あきたけんどうぶつかんり》センターの建物《たてもの》がひっそりと建《た》っていました。

正門《せいもん》のまわりにも、建物《たてもの》の西側《にしがわ》にある駐車場《ちゅうしゃじょう》にも、あちらこちらに、まだ雪《ゆき》が固《かた》まって残《のこ》っています。

「秋田県内《あきたけんない》には八つの保健所《ほけんじょ》があって、野良犬《のらいぬ》を捕獲《ほかく》したり、飼《か》い主《ぬし》が飼《か》えなくなった犬《いぬ》や猫《ねこ》を引《ひ》き取《と》ったりしています。それぞれの保健所《ほけんじょ》から、毎週《まいしゅう》木曜日《もくようび》か金曜日《きんようび》の朝《あさ》に、車《くるま》でこのセンターに運《はこ》ばれてきます。ここに集《あつ》められた犬《いぬ》と猫《ねこ》は、毎週《まいしゅう》金曜日《きんようび》に処分《しょぶん》されることになります」

動物《どうぶつ》管理《かんり》センターの事務所《じむしょ》にうかがうと、所長《しょちょう》の宮腰《みやこし》智也《ともや》さんが、さまざまな資料《しりょう》を用意《ようい》して出迎《でむか》えてくれました。

一週間《しゅうかん》ほど前《まえ》、施設《しせつ》の取材《しゅざい》をしたいとお願《ねが》いしたところ、「お断《ことわ》りしなければならない理由《りゆう》はなにひとつありません」という返事《へんじ》をもらいました。

動物《どうぶつ》の処分関連《しょぶんかんれん》施設《しせつ》では、取材《しゅざい》を認《みと》めていなかったり、殺処分《さつしょぶん》の数《かず》についても教《おし》えたがらなかったりする場合《ばあい》があると聞《き》いていたので、あっさりと取材《しゅざい》の許可《きょか》をもらえたのは、意外《いがい》でもありました。

「ところで、きょうは、施設《しせつ》のなかの写真《しゃしん》を撮《と》ってもよろしいのでしょうか」

「……う〜ん、それは、できれば、ご遠慮《えんりょ》いただきたいのですが……」

宮腰所長《みやこししょちょう》さんが急《きゅう》に顔《かお》をくもらせました。

「写真《しゃしん》に撮《と》られたりテレビに流《なが》れたりするときに、クローズアップされる絵《え》は決《き》まっているんですよ。たとえば、鉄格子《てつごうし》のなかで、最期《さいご》のときを待《ま》つさびしそうな犬《いぬ》の表情《ひょうじょう》、ガス室《しつ》に入《い》れられるのをいやがる犬《いぬ》の姿《すがた》……。だれだって、そんなものを見《み》せられたら、強烈《きょうれつ》な印象《いんしょう》が残《のこ》ります。

でも、かわいそうな犬《いぬ》の顔《かお》や姿《すがた》しか記憶《きおく》に残《のこ》らないというのは、どうなんでしょう……。もちろん、そんな犬《いぬ》の最期《さいご》の姿《すがた》が目《め》に焼《や》きついたら、それが、捨《す》て犬《いぬ》を減《へ》らすことにつながるかもしれません。でも、それだけでおわらせたくはないんですよ。この施設《しせつ》の役割《やくわり》、ここで働《はたら》くわれわれが考《かんが》えていることもあわせて紹介《しょうかい》してもらって、なるべく多《おお》くの人《ひと》に、この問題《もんだい》をいっしょに考《かんが》えてほしいと思《おも》っているんです」

「たしかに、かわいそうな犬《いぬ》の写真《しゃしん》を見《み》せられたら、それだけに関心《かんしん》が集《あつ》まるのは目《め》に見《み》えています。所長《しょちょう》さんのお気持《きも》ち、よくわかりました……」

正直《しょうじき》なところ、ほっとしました。あわれな犬《いぬ》の姿《すがた》を前《まえ》にして、あと何日《なんにち》も生《い》きられない犬《いぬ》の顔《かお》を見《み》て、平常心《へいじょうしん》でファインダーをのぞけるのかどうか、自信《じしん》がありませんでした。

もし、逆《ぎゃく》に、撮影《さつえい》を許《ゆる》されたとしても、いい写真《しゃしん》を撮《と》らなくてはと身《み》構《がま》えたら、犬《いぬ》の表情《ひょうじょう》を追《お》いかけるあまり、集中《しゅうちゅう》して話《はなし》を聞《き》いたり、まわりの空気《くうき》を感《かん》じたりすることができなくなってしまうように思《おも》いました。知《し》らず知《し》らず、不幸《ふこう》な犬《いぬ》の写真《しゃしん》を残《のこ》すことに抵抗《ていこう》を感《かん》じていたのかもしれません。

＊三日間《みっかかん》の命《いのち》＊

「ここが抑留室《よくりゅうしつ》です。県内《けんない》の保健所《ほけんじょ》から連《つ》れてこられた動物《どうぶつ》が、処分《しょぶん》されるまでのあいだ、すごす部屋《へや》で、四つに分《わ》かれています」

センター職員《しょくいん》の保坂《ほさか》繁《しげる》さんの案内《あんない》で、抑留室《よくりゅうしつ》に足《あし》を踏《ふ》み入《い》れました。

「ここの管理《かんり》センターの担当《たんとう》する区域《くいき》は、一市《し》十町村《ちょうそん》あって、各地《かくち》の保《ほ》健所《けんじょ》とおなじ仕事《しごと》もしています。

センターの担当《たんとう》区域《くいき》で捕獲《ほかく》された犬《いぬ》は、まず最初《さいしょ》の部屋《へや》に入《い》れられます。飼《か》い主《ぬし》が引《ひ》き取《と》りにこない場合《ばあい》は、つぎの日《ひ》に隣《とな》りの部屋《へや》に移《うつ》され、またつぎの日《ひ》には隣《とな》りの部屋《へや》に、というように移《うつ》っていきます。保管《ほかん》するように決《き》められた三日間《みっかかん》をすぎると、順《じゅん》ぐりにガス室《しつ》に送《おく》られるというわけです」

突然《とつぜん》、ぶるっと身震《みぶる》いをしてしまいました。

コンクリートでおおわれた抑留室《よくりゅうしつ》は、鳥肌《とりはだ》が立《た》つほどひんやりとしています。でも、もしかしたら、保坂《ほさか》さんがいった「ガス室《しつ》」という言葉《ことば》に、敏感《びんかん》に反応《はんのう》してしまったのかもしれません。

自分《じぶん》の目《め》で直《じか》に施設《しせつ》を見《み》るのが使命《しめい》であるかのように勇《いさ》んできたものの、いざ、玄関《げんかん》に入《はい》ったとたん、緊張《きんちょう》しているのが自分《じぶん》でもわかりました。

新聞《しんぶん》やテレビなどの取材《しゅざい》があったり、動物愛護団体《どうぶつあいごだんたい》の人《ひと》たちが見学《けんがく》したりすることがあると聞《き》きましたが、この場《ば》に立《た》ったら、だれだって、とまどいを隠《かく》せないはずです。飼《か》い主《ぬし》に捨《す》てられたあわれな犬《いぬ》や猫《ねこ》を直視《ちょくし》できるのか、冷静《れいせい》な目《め》で施設《しせつ》のしくみを見《み》ることができるのかと、不安《ふあん》にかられない人《ひと》はいないにちがいありません。

「捕獲《ほかく》された犬《いぬ》とは、野良犬《のらいぬ》のことですね」

「そうです。首輪《くびわ》をつけずにウロウロしている犬《いぬ》は野良犬《のらいぬ》です。それに、迷《まよ》い犬《いぬ》は、見《み》つけた人《ひと》から連絡《れんらく》があると、捕獲《ほかく》しなくてはなりません。だれかにかみついたりしては大変《たいへん》ですからね。最近《さいきん》は、飼《か》い主《ぬし》に放《はな》し飼《が》いにされたあげく、迷《まよ》い犬《いぬ》となって捕獲《ほかく》される犬《いぬ》もふえているんです」

「保健所《ほけんじょ》に連《つ》れていくと、すぐに引《ひ》き取《と》ってくれるんですか」

「いやいや、そんなことはしません。飼《か》い主《ぬし》に対《たい》して、いろいろなことを聞《き》きます。たとえば、どうして飼《か》えなくなったのか、ほんとうに飼《か》えないのか、だれか飼《か》える人《ひと》はいないのか、一生《いっしょう》けんめいに探《さが》したのかどうか、考《かんが》え直《なお》すことはできないか、なにか方法《ほうほう》はないものかどうか……何度《なんど》も何度《なんど》も聞《き》くんです。なかには、もう一度《いちど》考《かんが》えてみますといって引《ひ》き返《かえ》す人《ひと》もいますよ」

「じゃあ、捨《す》てられずに助《たす》かった犬《いぬ》も多《おお》いんですか」

「いいや、そうともいえません。われわれに何度《なんど》も説得《せっとく》されるのがいやなものだから、わざと遠《とお》くに連《つ》れていって置《お》き去《ざ》りにしたり、だれかが拾《ひろ》ってくれるだろうと放《はな》したりする人《ひと》がいるんです。勝手《かって》ですよね。そんな無責任《むせきにん》な飼《か》い主《ぬし》は、犬《いぬ》を飼《か》う資格《しかく》なんてないんだが」

「運《うん》よく拾《ひろ》われる犬《いぬ》もいるんですか」

「それはごくまれで、ほとんどはさまよったあげく、交通事故《こうつうじこ》にあったり、食《た》べ物《もの》を見《み》つけられずに、やせ細《ほそ》って死《し》んだりすることが多《おお》いんです」

飼《か》い主《ぬし》としての責任《せきにん》をまっとうできないばかりではなく、自《みずか》らが処分《しょぶん》施設《しせつ》に持《も》ち込《こ》んだという罪悪感《ざいあくかん》からも逃《のが》れようとする飼《か》い主《ぬし》。そんな悲惨《ひさん》な事実《じじつ》を聞《き》かされ、心《こころ》が重《おも》く沈《しず》んでいきます。

「管理《かんり》センターの管轄《かんかつ》区域《くいき》で捕獲《ほかく》された野良犬《のらいぬ》は一番目《ばんめ》の部屋《へや》に入《い》れられますが、県内《けんない》の保健所《ほけんじょ》から移送《いそう》されてくる犬《いぬ》は、その保健所《ほけんじょ》に何日《なんにち》かいるわけだから、ここに連《つ》れてこられるときには、保管《ほかん》期間《きかん》の三日間《みっかかん》がすぎていることになります。だから、すぐに、一番奥《ばんおく》の部屋《へや》に入《い》れられます。ここにきて、すぐの金曜日《きんようび》に処分《しょぶん》することになるんです」

「ここに入《い》れられるとき、いやがったり、ほえたりする犬《いぬ》はいませんか」

「トラックから下《お》ろされるとき、たいていは、いやがります。犬《いぬ》は鼻《はな》がいい。ここに着《つ》いたとたん、ほかの犬《いぬ》たちのにおいがわかるんじゃないかな。知《し》らないところに連《つ》れてこられたら、だれだって、いやでしょう。犬《いぬ》だって人間《にんげん》だって、おなじなんですよ」

「隣《とな》りの部屋《へや》にはどうやって移《うつ》すんですか」

「部屋《へや》を仕切《しき》っている壁《かべ》がありますね。スイッチを押《お》すと、それが自《じ》動的《どうてき》に移動《いどう》するようになっているんです。壁《かべ》が移動《いどう》するから、それに合《あ》わせて、なかにいる犬《いぬ》も、自然《しぜん》に隣《とな》りに移動《いどう》することになります」

とても穏《おだ》やかな口調《くちょう》で、ていねいに説明《せつめい》してくれる保坂《ほさか》さんは、まるで、隣《とな》りのおじさんといった雰囲気《ふんいき》です。

犬《いぬ》や猫《ねこ》の処分《しょぶん》をしているという理由《りゆう》だけで、管理《かんり》センターにも、また、そこで働《はたら》く人《ひと》にも、近寄《ちかよ》りがたいイメージがありました。

でも、そのイメージは間違《まちが》っていたことに気《き》がつきました。処分施設《しょぶんしせつ》は近寄《ちかよ》りがたいのではなくて、わたし自身《じしん》が目《め》を背《そむ》けていた、近寄《ちかよ》らなかっただけにすぎないことが、取材《しゅざい》の過程《かてい》でわかってきました。

そして、職員《しょくいん》たちの仕事《しごと》ぶり、いろいろな活動《かつどう》を見《み》ていくうち、このセンターの役割《やくわり》を、広《ひろ》く紹介《しょうかい》したいと思《おも》うようになったのです。

冷《つめ》たい鉄格子《てつごうし》の部屋《へや》。ここに連《つ》れてこられる犬《いぬ》たちの運命《うんめい》を思《おも》うと心《こころ》が沈《しず》む。

＊死《し》を待《ま》つペットたち＊

「きょうは、一番最後《ばんさいご》の部屋《へや》に、三匹《びき》のワンちゃんがいます」

保坂《ほさか》さんにつづいて、先《さき》の部屋《へや》のほうにゆっくり進《すす》みました。

四番目《ばんめ》の部屋《へや》に近《ちか》づくと、小《ちい》さい犬《いぬ》が二匹《ひき》、鉄格子《てつごうし》に向《む》かって走《はし》ってきました。二匹《ひき》とも、ちぎれるのではないかと心配《しんぱい》になるくらい、しっぽをさかんに振《ふ》っています。

「こんなにかわいい子犬《こいぬ》なのに、どうして、ここへ……」

「この二匹《ひき》は、ほかの保健所《ほけんじょ》から移《うつ》されてきました。野良犬《のらいぬ》なんですが、だれかに飼《か》われていたらしいですね」

「どういうことですか」

「さっきも言《い》ったように、保健所《ほけんじょ》に連《つ》れていくのはめんどうだから、勝手《かって》に放《はな》してしまう人《ひと》がいるんですよ。だれかが拾《ひろ》ってくれるかもしれないとか、だれかが保健所《ほけんじょ》に通報《つうほう》してくれるだろうとか思《おも》ってね。そういう飼《か》い主《ぬし》がもっとも罪深《つみぶか》いんだが……」

「……」

あいた口《くち》がふさがらないとは、まさにこんなことを言《い》うのでしょうか。こんなにかわいらしい犬《いぬ》が、なぜ捨《す》てられるのか。こんなに人《ひと》なつっこい犬《いぬ》が、どうして、殺《ころ》されなければならないのか。「なぜ、なぜ」と、疑問《ぎもん》がわき上《あ》がるばかりです。

　鉄格子《てつごうし》に顔《かお》をぶつけてもなお、必死《ひっし》にわたしたちのほうに近《ちか》づきたがっている子犬《こいぬ》。愛想《あいそう》よくしっぽを振《ふ》りながら、むじゃきな顔《かお》を向《む》ける子犬《こいぬ》。もしかしたら、ここから出《だ》してもらえるかもしれないと思《おも》っているようです。

　そのまなざしからは、「ここから出《だ》して、お願《ねが》い。助《たす》けて、お願《ねが》い」という訴《うった》えが、ひしひしと伝《つた》わってきます。

（そうよね。出《だ》してほしいよね。こんなところにいたくないよね……。ごめん。そんなに見《み》つめられても、わたしにはなにもしてあげられない……ごめんね）

　わたしは心《こころ》の中《なか》でつぶやき、自分《じぶん》の無力《むりょく》さに打《う》ちのめされました。

飼《か》い主《ぬし》に捨《す》てられ、裏切《うらぎ》られた子犬《こいぬ》。こんなところに連《つ》れてこられるなんて、夢《ゆめ》にも思《おも》っていなかったでしょう。一途《いちず》に人間《にんげん》を信《しん》じて疑《うたが》わないその瞳《ひとみ》を、受《う》け止《と》めてやることができません。助《たす》けてやることができない、命《いのち》を救《すく》うことができない切《せつ》なさで胸《むね》がいっぱいになりました。こんなにあどけない、かわいい犬《いぬ》を捨《す》てる飼《か》い主《ぬし》がいることが信《しん》じられず、くやしくて、つらくて、やりきれない気持《きも》ちになりました。

ふと、部屋《へや》の片側《かたがわ》のすみに目《め》を向《む》けると、黒《くろ》いラブラドールがうずくまっていました。近《ちか》づいても、顔《かお》を上《あ》げず、目《め》も合《あ》わせようとはしません。

「何歳《なんさい》ぐらいですか。あまり若《わか》くないみたいですが」

「そうだねえ、十歳《さい》は軽《かる》くこえているなあ。人間《にんげん》でいえば、七十歳以上《さいいじょう》のおじいちゃんだね」

「どうして、ここに?」

「なにか、事情《じじょう》があったらしいね。飼《か》い主《ぬし》がもう飼《か》えないからと、引《ひ》き取《と》られた犬《いぬ》なんだそうだ。おととい、県北《けんぼく》の町《まち》から連《つ》れてこられたんです」

「こんなに年《とし》をとっているのに?」

「ええ、十年以上《ねんいじょう》もいっしょにすごしたのに、家族《かぞく》の一員《いん》として、楽《たの》しいときをすごしたワンちゃんなのに、捨《す》てられてしまう。どうして、最《さい》後《ご》までちゃんと世話《せわ》をしてやれないのか……」

大《おお》きな体《からだ》をだるそうに横《よこ》たえ、じっとしたままのラブラドール。人間《にんげん》のぬくもりを感《かん》じながら、つい最近《さいきん》まで幸《しあわ》せにすごしていたはずです。

それなのに、こんなに年《とし》をとってから捨《す》てられ、冷《つめ》たいコンクリートの上《うえ》で、みすぼらしく最期《さいご》のときをじっと待《ま》っているのです。こんな残酷《ざんこく》なことがあっていいのでしょうか。

（ラブラドールは賢《かしこ》いっていうから、人間《にんげん》の気持《きも》ちがわかるかもしれない。もし、二匹《ひき》の子犬《こいぬ》のように、けなげな視線《しせん》を向《む》けられたら、いったい、どうしたらいい……。どんな顔《かお》をすればいいの……）

ラブラドールは、ひるんでいるわたしの気持《きも》ちをお見通《みとお》しなのではないかと思《おも》いました。

このラブラドールは、ここの建物《たてもの》に入《はい》った瞬間《しゅんかん》に、自分《じぶん》の運命《うんめい》を察《さっ》したにちがいありません。ほかの犬《いぬ》のにおい、建物《たてもの》の雰囲気《ふんいき》から、生《い》きて再《ふた》びここを出《で》られないということがわかったにちがいありません。いいえ、最初《さいしょ》の保健所《ほけんじょ》に連《つ》れてこられたときに、すでに悟《さと》ったはずです。保坂《ほさか》さんがラブラドールの前《まえ》にしゃがみました。鉄格子《てつごうし》から両手《りょうて》を差《さ》し伸《の》べて、頭《あたま》をなでました。

「どうした？　どこか、具合《ぐあい》が悪《わる》いか？　よしよし、よーしよし」

自分《じぶん》の飼《か》い犬《いぬ》に話《はな》しかけているようです。

手《て》をできるかぎり伸《の》ばし、何度《なんど》も何度《なんど》も顔《かお》と頭《あたま》をなで、体《からだ》をさすってあげています。それでも、ラブラドールは伏《ふ》せのかっこうで、前足《まえあし》の上《うえ》に顔《あたま》をのせたままうずくまっています。そのまなざしに、もう輝《かがや》きはありません。

「こんなにさびしそうな犬《いぬ》の顔《かお》、見《み》たことないです……」

「わかりますか。犬《いぬ》はいろんな表情《ひょうじょう》をします。うれしいとき、悲《かな》しいとき、困《こま》ったとき、人間《にんげん》のように気持《きも》ちが顔《かお》に出《で》ます。このラブラドールはいま、どんなことを考《かんが》えているのか……」

「あした、処分《しょぶん》されてしまうんですか」

「ええ、別《べつ》の保健所《ほけんじょ》から移《うつ》されてきた犬《いぬ》ですからね。もう、規定《きてい》の三日《みっか》がすぎている。かわいそうなんですが……あしたです」

ラブラドールの飼《か》い主《ぬし》は、犬《いぬ》がこの年《とし》になるまで、長《なが》いこといっしょに生活《せいかつ》をしてきたのに、捨《す》ててしまったのです。保健所《ほけんじょ》に引《ひ》き取《と》ってもらったら、何日《なんにち》もしないうちに命《いのち》が奪《うば》われるのを知《し》りながら、手放《てばな》したのです。心《こころ》が痛《いた》まないのでしょうか。ここまで人間《にんげん》は冷酷《れいこく》になれるものでしょうか。

ふいに涙《なみだ》がこみあげてきました。がまんしてもがまんしても、涙《なみだ》があふれてきます。こらえようとするのですが、涙《なみだ》は止《と》まりません。

保坂《ほさか》さんがまた座《すわ》り込《こ》みました。ラブラドールになにやら話《はな》しかけながら、手《て》を差《さ》し伸《の》べました。ハンカチをかばんから取《と》り出《だ》したわたしに気《き》をつかって、気《き》づかないふりをしてくれたようです。

わたしに背中《せなか》を向《む》けたまま、保坂《ほさか》さんはゆっくり話《はな》しはじめました。

「このラブラドールはね、ここにきたときから、目《め》を一切合《いっさいあ》わせようとしないんです。でも、命《いのち》を絶《た》たれることを知《し》って、おびえているのではないと思《おも》う。ここの職員《しょくいん》のだれに声《こえ》をかけられても、だれに体《からだ》をなでられても、がんこに無視《むし》するんだ。それは、自分《じぶん》を見捨《みす》てた人間《にんげん》なんか、もう絶対信《ぜったいしん》じないという、人間《にんげん》に対《たい》しての最後《さいご》の抵抗《ていこう》なんじゃないかなと思《おも》う。言葉《ことば》を持《も》たない動物《どうぶつ》の、誇《ほこ》り高《たか》い態度《たいど》なのではないかと思《おも》えてくる。わたしはここで三十五年《ねん》も働《はたら》いていますが、ここにくる犬《いぬ》や猫《ねこ》がいじらしくて、かわいそうで、やりきれなくて、いつだって泣《な》けてしまう……」

保坂《ほさか》さんの声《こえ》はおだやかでしたが、ずっしりとした重《おも》みがありました。

捨《す》てられたことがわかっていない、むじゃきな二匹《ひき》の子犬《こいぬ》。そして、自分《じぶん》の悲《かな》しい運命《うんめい》を悟《さと》っているラブラドール。

それは、どちらもむごい姿《すがた》なのです。

＊ 安楽死《あんらくし》という名《な》の殺処分《さつしょぶん》 ＊

「抑留室《よくりゅうしつ》の四番目《ばんめ》の部屋《へや》の隣《とな》り、ここがガス室《しつ》になっています」

保坂《ほさか》さんが指《さ》しているところは、部屋《へや》といっても、間口《まぐち》が一・五メートル、高《たか》さと奥行《おくゆ》きが一メートルにも満《み》たないような、せまい箱《はこ》です。最後《さいご》の部屋《へや》の奥《おく》に追《お》い込《こ》み通路《つうろ》があり、その隣《とな》りがガス室《しつ》になっていました。

「ここが操作室《そうさしつ》。スイッチのボタンがたくさんあるのが見《み》えますね。こ

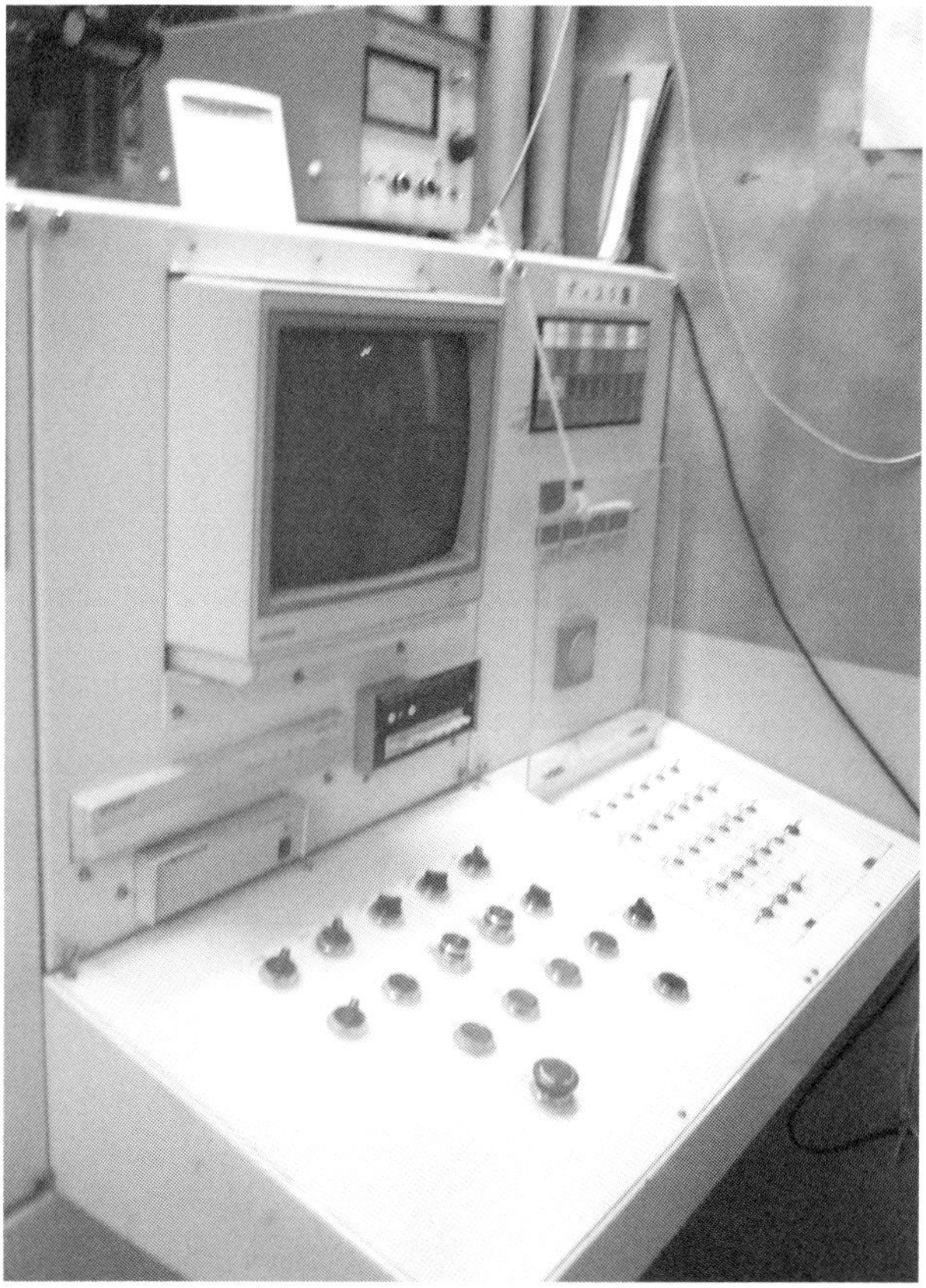

ここが操作室《そうさしつ》。このボタンによってすべてが行《おこ》なわれる。

こから先《さき》の作業《さぎょう》は、すべて機械《きかい》がすることになります」

保坂《ほさか》さんは淡々《たんたん》と説明《せつめい》します。

移動式《いどうしき》の壁《かべ》がせまると、犬《いぬ》たちは抵抗《ていこう》できずに追《お》い込《こ》み通路《つうろ》に入《はい》ります。その通路《つうろ》の壁《かべ》が移動《いどう》すると、ガス室《しつ》に追《お》い込《こ》まれる仕組《しく》みです。ステンレス製《せい》の冷《つめ》たい壁《かべ》がせまってくると、ほえても鳴《な》いても、もはやそこから逃《のが》れることはできません。

「扉《とびら》が閉《し》められると、せまいガス室《しつ》は密閉《みっぺい》されます。操作室《そうさしつ》でスイッチを押《お》すと、炭酸《たんさん》ガスが出《で》てきます。犬《いぬ》は五分《ふん》ほどで意識《いしき》を失《うしな》い、息絶《いきた》えてしまいます」

さっきの三匹《びき》が、ここに入《い》れられて、あしたには処分《しょぶん》されてしまうのです。わたしに向《む》かって「ここから出《だ》してちょうだい」と、小《ちい》さなしっ

この向《む》こうが「ガス室《しつ》」。

ぽを一生《いっしょう》けんめいにふった子犬《こいぬ》二匹《ひき》と、年老《としお》いたラブラドールが、あと二十四時間《じかん》足《た》らずでガス室《しつ》に入《い》れられてしまうのです。

「操作室《そうさしつ》のなかにモニターがあって、ガス室《しつ》のなかのようすが映《うつ》し出《だ》されます。でも、犬《いぬ》が重《かさ》なって、よく見《み》えないことがあります。だから、わたしは、操作《そうさ》をおえると、かならず自分《じぶん》の目《め》でなかのようすを確認《かくにん》することにしているんです。死《し》に切《き》れないほうが、よっぽど、苦《くる》しくてかわいそうなことだと思《おも》うんです……」

炭酸《たんさん》ガスを吸《す》ったあとの、無惨《むざん》な犬《いぬ》の姿《すがた》は、保坂《ほさか》さんも見《み》たくはないはずです。

でも、モニターの画面《がめん》では完全《かんぜん》に確認《かくにん》できません。

保坂《ほさか》さんは実際《じっさい》に窓《まど》からなかをのぞき、たしかめるのです。

「仕事《しごと》がいやになったことはありませんか」とたずねようとして、その質問《しつもん》があまりにも愚《おろ》かであることに気《き》がつき、わたしは出《で》かかった言葉《ことば》をあわてでのみこみました。

保坂《ほさか》さんがどのような気《き》持《も》ちで、なかをのぞくのか、どんな気《き》持《も》ちで、動物《どうぶつ》たちの死《し》を確認《かくにん》するのか、それを思《おも》うと、わたしは目《め》を合《あ》わせることができませんでした。

わたしのそんな気《き》持《も》ちを察《さっ》してか、保坂《ほさか》さんが言《い》いました。

「県内《けんない》の各《かく》保健所《ほけんじょ》から、このセンターに移《うつ》されてきたら、犬《いぬ》たちを見守《みまも》ってやれるのはわれわれ職員《しょくいん》しかいません。どうして、こんなにかわいくて賢《かしこ》い犬《いぬ》たちを処分《しょぶん》しなければならないのかと、悲《かな》しくて、もどかしくて、つらくなる……。仕事《しごと》だと割《わ》り切《き》って、ガスのボタンを押《お》すしかない……」

わたしは、返事《へんじ》ができませんでした。

「つらい仕事《しごと》だけれど、そんなかわいそうな犬《いぬ》たちのために、あえて、命《いのち》のおわりを見届《みとど》けてやりたい、いや、見《み》てやらなければならないと思《おも》うようになったんです」

なにも悪《わる》いことをしていないのに、飼《か》い主《ぬし》から見放《みはな》され、なに一つ抵《てい》抗《こう》できずにセンターで処分《しょぶん》される犬《いぬ》たち。保坂《ほさか》さんはじめ職員《しょくいん》の人《ひと》たちは、そんな犬《いぬ》をふびんに思《おも》い、最期《さいご》を看取《みと》ってやりたい、看取《みと》るべきだという気持《きも》ちでいるのです。

「ここの職員《しょくいん》であるからには、自分《じぶん》の仕事《しごと》をやり通《とお》さなければならない。でも、犬《いぬ》たちがあわれで、いつだって、できることなら救《すく》ってやりたいと思《おも》いますよ」

動物《どうぶつ》管理《かんり》センターの仕事《しごと》を、「ひどいことをする」「残酷《ざんこく》だ」などといっている人《ひと》もいます。でも、そう非難《ひなん》する前《まえ》に、もっともつらい仕事《しごと》にあたっている人《ひと》たちの胸《むね》の痛《いた》み、心《こころ》のかっとうを理解《りかい》してほしいと思《おも》うのです。

殺処分《さつしょぶん》する施設《しせつ》を管理《かんり》する行政《ぎょうせい》が、一方的《いっぽうてき》に悪《わる》いのではありません。ここの施設《しせつ》が、あるいはここで働《はたら》く人《ひと》たちが悪《わる》いのでもありません。動物《どうぶつ》を捨《す》てる人《ひと》、ここにペットを持《も》ち込《こ》む人《ひと》たちがいなければ、このような施設《しせつ》はなくてもいいのです。

「これで、犬《いぬ》の処分《しょぶん》のほうはおしまいですが、猫《ねこ》のほうも見《み》てみますか」

「はい、お願《ねが》いします」

保坂《ほさか》さんは操作室《そうさしつ》の鍵《かぎ》を閉《し》めると、「こっちですよ」と手招《てまね》きしてくれました。

犬《いぬ》の抑留室《よくりゅうしつ》と通路《つうろ》をへだてた猫室《ねこしつ》。そこには、ケージと呼《よ》ばれるペット用《よう》のかごが、三段《だん》の棚《たな》に二十個《こ》ほど並《なら》べられています。この日《ひ》、ケージには一匹《ぴき》もいませんでしたが、大《おお》きなビニール袋《ぶくろ》でおおわれた段《だん》ボール箱《ばこ》が床《ゆか》に置《お》かれていました。

「もらい手《て》が見《み》つからず、飼《か》い主《ぬし》が持《も》ち込《こ》んだ猫《ねこ》を処分《しょぶん》したばかりなんですよ。八匹《ぴき》の子猫《こねこ》です」

「えっ、猫《ねこ》の処分《しょぶん》は、犬《いぬ》とちがう方法《ほうほう》でするんですか」

「猫《ねこ》の場合《ばあい》は、このような箱《はこ》に入《い》れ、麻酔薬《ますいやく》をなかに入《い》れます。ふたをして、ビニール袋《ぶくろ》で密閉《みっぺい》すると、麻酔薬《ますいやく》をかいだ猫《ねこ》は、数分《すうふん》で息絶《いきた》えます。

犬《いぬ》はガス室《しつ》で死《し》ぬと、焼却炉《しょうきゃくろ》に移《うつ》されますが、猫《ねこ》はこの箱《はこ》ごと、焼却炉《しょうきゃくろ》に入《い》れられて焼《や》かれることになります」

足下《あしもと》に置《お》かれた箱《はこ》のなかに、八匹《ぴき》の猫《ねこ》の死《し》がいが入《はい》っていると聞《き》いた瞬間《しゅんかん》、わたしは思《おも》わず後《あと》ずさりしてしまいました。子猫《こねこ》はまだ目《め》も開《あ》いておらず、ほんの数日《すうじつ》しか生《い》きることを許《ゆる》されなかったのです。いったい、なんのためにこの世《よ》に生《う》まれてきたのでしょう。ふびんで、切《せつ》なくてやりきれません。

「犬《いぬ》と猫《ねこ》の処分《しょぶん》は、ふつう、『安楽死処分《あんらくししょぶん》』と呼《よ》ばれていますが、ほんとうに安楽死《あんらくし》なんですか。さっきのガス室《しつ》での炭酸《たんさん》ガスによる処分《しょぶん》や、麻酔薬《ますいやく》をつかうと、犬《いぬ》や猫《ねこ》は苦《くる》しまないで死《し》ねるんですか」

「う〜ん」

保坂《ほさか》さんは腕《うで》を組《く》んで、深《ふか》くため息《いき》をつきました。

「われわれとしては、取材《しゅざい》にきた人《ひと》にはほんとうのことを知《し》ってほしい。いや、ほんとうのことを伝《つた》えなくてはいけないと思《おも》っています。ここでの処分《しょぶん》は、『安楽死《あんらくし》』といえるものではありません。動物《どうぶつ》にとっての『安楽死《あんらくし》』とは、どうしても助《たす》からない病気《びょうき》やけがをしたときに、獣医《じゅうい》さんが最後《さいご》の処置《しょち》としてとるもので、尊厳《そんげん》のある命《いのち》のおわりをいいます。睡眠薬《すいみんやく》を注射《ちゅうしゃ》したあと、筋弛緩剤《きんしかんざい》という薬《くすり》を注射《ちゅうしゃ》すると、まったく痛《いた》みのない死《し》が訪《おとず》れます。その方法《ほうほう》なら、動物《どうぶつ》にとって、苦《くる》しみのない安《やす》らかな死《し》となります」

「じゃあ、その方法《ほうほう》で、ここにきた犬《いぬ》や猫《ねこ》を安楽死《あんらくし》させてあげられないんですか」

「ここで、一匹《ぴき》ずつに注射《ちゅうしゃ》することは、正直言《しょうじきい》ってむずかしいですね。人慣《ひとな》れしていない犬《いぬ》、飼《か》い主《ぬし》以外《いがい》の人《ひと》に抵抗《ていこう》する犬《いぬ》、捨《す》てられて人間《にんげん》不信《ふしん》になった犬《いぬ》に対《たい》して注射《ちゅうしゃ》をするのは、とても大変《たいへん》なことなんです。われわれ職員《しょくいん》に危険《きけん》が伴《ともな》うことになります。それに、時間《じかん》がかかりすぎるという理由《りゆう》もあるかもしれません」

結局《けっきょく》、ガスによる処分《しょぶん》は、人間《にんげん》の側《がわ》にとって、いわゆる行政側《ぎょうせいがわ》にとって、簡単《かんたん》に、一度《ど》に数多《かずおお》くの処分《しょぶん》ができる方法《ほうほう》なのです。安《やす》く手軽《てがる》にできる方法《ほうほう》でもあるのです。

保健所《ほけんじょ》での処分《しょぶん》が「安楽死処分《あんらくししょぶん》」と呼《よ》ばれているため、動物《どうぶつ》たちにとって、まったく痛《いた》みを感《かん》じない安《やす》らかな死《し》に方《かた》なのだと思《おも》っている人《ひと》が多《おお》いのではないでしょうか。

「飼《か》い主《ぬし》に見捨《みす》てられたあげく、炭酸《たんさん》ガスで苦《くる》しんで死《し》ぬ動物《どうぶつ》たちのことを考《かんが》えると、わたしたちも、安楽死《あんらくし》という表現《ひょうげん》を、たやすく使《つか》ってはいけないんだと思《おも》うんですが……。ガスでの殺処分《さつしょぶん》が、尊厳《そんげん》のある命《いのち》のおわりでは、動物《どうぶつ》たちがあわれで忍《しの》びない……」

保健所《ほけんじょ》に引《ひ》き取《と》られた犬《いぬ》と猫《ねこ》の扱《あつか》いについて、こうした実態《じったい》はあまり知《し》られてはいません。

全国各地《ぜんこくかくち》に「愛護《あいご》センター」、「保護《ほご》センター」などという看板《かんばん》をかけた処分施設《しょぶんしせつ》が少《すく》なくありませんが、ほとんどは、愛護《あいご》しているわけでも保護《ほご》しているわけでもないのです。殺処分《さつしょぶん》を安楽死処分《あんらくししょぶん》などと偽《いつわ》って呼《よ》ぶから、罪悪感《ざいあくかん》がありながらも安心《あんしん》し、その実態《じったい》に目《め》をつぶってしまうのでないでしょうか。

けれども、一番悪《ばんわる》いのは、捨《す》てた動物《どうぶつ》の後始末《あとしまつ》を行政《ぎょうせい》に押《お》しつける、自分勝手《じぶんかって》な飼《か》い主《ぬし》たちであることに変《か》わりはありません。

捨《す》てられた動物《どうぶつ》の悲《かな》しい運命《うんめい》を目《ま》の当《あ》たりにし、また、世《よ》の中《なか》の矛盾《むじゅん》をかいま見《み》て、心《こころ》が重《おも》く沈《しず》んでいくばかりです。

大《おお》きな問題《もんだい》が、壁《かべ》となって立《た》ちはだかっているのがわかりました。

どこまでもつづく暗《くら》い穴《あな》のなかに迷《まよ》い込《こ》んだようで、言葉《ことば》には表《あらわ》せない不気味《ぶきみ》ささえ感《かん》じます。

＊ひっそりたたずむ慰霊碑《いれいひ》＊

管理《かんり》センターの裏《うら》にひっそりとたたずむ慰霊碑《いれいひ》。

慰霊碑《いれいひ》の正面《しょうめん》には「獣魂碑《じゅうこんひ》」という文字《もじ》が彫《ほ》られています。

このセンターで処分《しょぶん》された犬《いぬ》や猫《ねこ》の霊《れい》を慰《なぐさ》めるために建《た》てられたものです。

一年《ねん》に一度《ど》、九月《がつ》の動物《どうぶつ》愛護《あいご》週間《しゅうかん》に、センターの職員《しょくいん》全員《ぜんいん》でお花《はな》を添《そ》えて供養《くよう》していますが、もとの飼《か》い主《ぬし》が足《あし》を運《はこ》ぶことは、ほとんどありません。慰霊碑《いれいひ》があることすら知《し》らない人《ひと》がほとんどです。慰霊碑《いれいひ》の土台《どだい》となっている石《いし》は、横《よこ》二メートル以上《いじょう》もある大《おお》きなものです。手入《てい》れされていて、黒《くろ》くツヤツヤしています。立派《りっぱ》な慰霊碑《いれいひ》をながめていると、悲《かな》しい運命《うんめい》を背負《せお》って、はかない命《いのち》で死《し》んでしまったペットたちが、より一層《いっそう》あわれで、心《こころ》が痛《いた》みました。

「もとの飼《か》い主《ぬし》は、死《し》に追《お》いやったペットのために、手《て》を合《あ》わせようという気持《きも》ちにはならないのでしょうか」

「じつは、昨年《さくねん》から、一組《ひとくみ》の家族《かぞく》がときどき見《み》えているようなんですよ……」

センターに用事《ようじ》がある人《ひと》は、玄関《げんかん》わきの受付窓口《うけつけまどぐち》に届《とど》け出《で》をすることになっています。でも、その家族連《かぞくづ》れはそのまま敷地内《しきちない》に入《はい》り、駐車場《ちゅうしゃじょう》を通《とお》って、まっすぐに建物《たてもの》の裏《うら》の慰霊碑《いれいひ》に向《む》かい、お花《はな》を供《そな》えて帰《かえ》るのだそうです。

「詳《くわ》しいことはわたしたちも知《し》らないんですよ。お父《とう》さんとお母《かあ》さん、それに、小学生《しょうがくせい》ぐらいの姉《あね》と弟《おとうと》の子《こ》ども二人《ふたり》、家族《かぞく》四人《にん》だと思《おも》うんですが……。なにか、つらい事情《じじょう》があったのかもしれません。こちらから聞《き》くわけにもいかないし、きっと、聞《き》かれたくないでしょうしね。でも、そんな飼《か》い主《ぬし》さんがいることだけでも、ここで働《はたら》くわたしたちにとっては、なんだか、救《すく》われたような気持《きも》ちになりますよ」

保坂《ほさか》さんの顔《かお》が心《こころ》なしか和《なご》みました。

四人《にん》の家族《かぞく》が飼《か》っていたペットには、どんな事情《じじょう》があったのでしょうか。

センターの裏《うら》にある「獣魂碑《じゅうこんひ》」

ここで処分《しょぶん》されてしまったのでしょうか。

それとも、別《べつ》の形《かたち》で亡《な》くなったのでしょうか。

わたしにはわかりません。

もしかしたら、不幸《ふこう》なペットたちのために、わざわざ足《あし》を運《はこ》んでいるのかもしれません。

慰霊碑《いれいひ》の前《まえ》で手《て》を合《あ》わせてくれる、かつてのやさしい家族《かぞく》。

その家族《かぞく》の思《おも》いは、天国《てんごく》まで届《とど》いているのでしょうか。そして、そのペットは、天国《てんごく》からどんな気持《きも》ちで見《み》ているのでしょうか。

＊犬《いぬ》のしつけ方教室《かたきょうしつ》＊

四月《がつ》のある日曜日《にちようび》。

秋田《あきた》でもようやく、桜《さくら》のつぼみがふくらみかけています。

秋田《あきた》市内《しない》の公園《こうえん》で「犬《いぬ》のしつけ方教室《かたきょうしつ》」が開《ひら》かれていました。県動物《けんどうぶつ》管理《かんり》センターが主催《しゅさい》しているものです。

会場《かいじょう》に入《はい》ると、めざとく保坂《ほさか》さんがわたしのことに気《き》がつき、パンフレットなどを集《あつ》めて持《も》ってきてくれました。

「よく来《き》てくれましたね。きょうのしつけ方教室《かたきょうしつ》は、ぜひ、見《み》ておいてほしかったんですよ。まずは、紹介《しょうかい》しましょう。はい、このワンちゃんがウルフ。きょう、集《あつ》まったワンちゃんたちに、いろいろとお手本《てほん》を見《み》せてくれるモデル犬《けん》です」

保坂《ほさか》さんの横《よこ》に、白《しろ》い大型犬《おおがたけん》が寄《よ》り添《そ》っています。

「シベリアン・ハスキーですね」

「全身真《ぜんしんま》っ白《しろ》のハスキー。珍《めずら》しいんですよ」

「ええ、初《はじ》めて見《み》ました。ウルフという名前《なまえ》……まさにその通《とお》りですね。おおかみみたいに、迫力《はくりょく》あります」

白《しろ》く長《なが》い毛《け》はツヤツヤしていて、青《あお》い目《め》は吸《す》い込《こ》まれそうなほどに輝《かがや》き、威厳《いげん》があります。あまりの勇《いさ》ましさに見《み》とれてしまいます。

ウルフは、管理《かんり》センターで訓練《くんれん》を受《う》けた犬《いぬ》で、犬《いぬ》のしつけ方教室《かたきょうしつ》のモデル犬《けん》です。犬《いぬ》を服従《ふくじゅう》させたり、散歩《さんぽ》をさせたりするときのコツなどを教《おし》えるとき、職員《しょくいん》の指示《しじ》に従《したが》って、「伏《ふ》せ」「おすわり」「待《ま》て」などの、お手本《てほん》を見《み》せる役目《やくめ》を務《つと》めるのです。

管理《かんり》センターでは、平成《へいせい》六年《ねん》にしつけ方教室《かたきょうしつ》をはじめました。飼《か》い主《ぬし》の要望《ようぼう》に応《おう》じてセンター内《ない》で開《ひら》いているほか、県内《けんない》各地《かくち》に出張《しゅっちょう》して行《おこ》なわれています。

毎年《まいとし》、十回《かい》ほどの教室《きょうしつ》が開《ひら》かれ、合《あ》わせて五百人《ごひゃくにん》もの飼《か》い主《ぬし》の人《ひと》たちが参加《さんか》するなど、年間《ねんかん》を通《つう》じた活動《かつどう》として定着《ていちゃく》しつつあります。いまでは県内《けんない》のペット愛好家《あいこうか》の人《ひと》たちに知《し》れわたり、前《まえ》もって申《もう》し込《こ》まないと参加《さんか》できないほどです。

「この教室《きょうしつ》をはじめたきっかけは、どんなことなんでしょうか」

さっそく、保坂《ほさか》さんにたずねてみました。

「いまは、ペットブームとかいわれて、犬《いぬ》を飼《か》う人《ひと》がふえています。でも、ちゃんと、しつけず、ただ、えさをやっているだけだったり、忙《いそが》しさにかまけて、散歩《さんぽ》にも連《つ》れていかなかったりという飼《か》い主《ぬし》が多《おお》いんです。人間《にんげん》と動物《どうぶつ》のいい関係《かんけい》を保《たも》つには、犬《いぬ》のことをよく知《し》り、きちんとしつけをすることが大事《だいじ》なんだということを教《おし》えたいと思《おも》ったんですよ」

「犬《いぬ》のしつけ方教室《かたきょうしつ》といっても、飼《か》い主《ぬし》さんのための教室《きょうしつ》でもあるわけですね」

「ほんとうは、犬《いぬ》を飼《か》う前《まえ》に、飼《か》い主《ぬし》がちゃんと勉強《べんきょう》していなくちゃだめなんですよ。だって、十年以上《ねんいじょう》もいっしょに生活《せいかつ》する犬《いぬ》は家族《かぞく》も同《どう》

しつけ方教室《かたきょうしつ》で、犬《いぬ》のさわり方《かた》を教《おし》える保坂《ほさか》さん。

然《ぜん》。その犬《いぬ》の生態《せいたい》や習性《しゅうせい》について、あらかじめ知《し》っておくのがあたりまえだと思《おも》うんですよ。そうでしょう?」

「かわいいからというだけで、飼《か》いはじめる人《ひと》が多《おお》いということですか」

「そうなんです。それから、もう一つ。犬《いぬ》を引《ひ》き取《と》ってほしいという飼《か》い主《ぬし》から事情《じじょう》を聞《き》くと、鳴《な》き声《ごえ》が近所迷惑《きんじょめいわく》だったり、飼《か》い主《ぬし》をかんだり、なつかなかったりと、きちんとしつけができていないことが原因《げんいん》で手放《てばな》すケースが多《おお》いんです。捨《す》てられる犬《いぬ》を、少《すこ》しでも減《へ》らすために、センターとしてなにができるかと考《かんが》えました。飼《か》い主《ぬし》と犬《いぬ》のあるべき関係《かんけい》を教《おし》えることも、わたしたちの仕事《しごと》、いいえ、使命《しめい》ではないかと……」

保坂《ほさか》さんは、抑留室《よくりゅうしつ》で会《あ》ったときとはちがって、すがすがしい表情《ひょうじょう》です。

管理《かんり》センターにいるモデル犬《けん》は三匹《びき》。ウルフのほかに、おなじハスキー犬《けん》のエディ、そして、テリア系《けい》の雑種《ざっしゅ》のアイがいます。

ウルフは七歳《さい》、エディは九歳《さい》、アイは一歳《さい》。どこの教室《きょうしつ》にいっても、人気者《にんきもの》です。物覚《ものおぼ》えがよく、人《ひと》なつっこく、愛《あい》きょうをふりまくアイ。自信満々《じしんまんまん》で、いつも堂々《どうどう》としているエディとウルフ。モデル犬《けん》の役目《やくめ》を立派《りっぱ》につとめる三匹《びき》の犬《いぬ》に会《あ》いたくて、毎回《まいかい》、教室《きょうしつ》に通《かよ》ってくる子《こ》どももいるほどです。

この日《ひ》、会場《かいじょう》には、二十匹《ぴき》ほどの犬《いぬ》が集《あつ》まっていました。チワワやテリアなどの小《ちい》さい犬《いぬ》から、大《おお》きい犬《いぬ》はラブラドール、ゴールデン・レトリバーまで、さまざまな種類《しゅるい》がいます。

犬《いぬ》一匹《ぴき》に対《たい》して、飼《か》い主《ぬし》の家族《かぞく》が五人《にん》も参加《さんか》する場合《ばあい》もあって、予想《よそう》以上《いじょう》におおぜいの人《ひと》が詰《つ》めかけています。

最初《さいしょ》に管理《かんり》センターの職員《しょくいん》の小杉《こすぎ》栄《さかえ》さんが、飼《か》い主《ぬし》としての心構《こころがま》えを説明《せつめい》しました。

「犬《いぬ》はリーダーを中心《ちゅうしん》とした群《む》れで行動《こうどう》します。人間《にんげん》の家族《かぞく》といっしょに暮《く》らしている犬《いぬ》は、それぞれの家族《かぞく》を自分《じぶん》の群《む》れとみなしています。ですから、飼《か》い主《ぬし》がリーダーとなって、犬《いぬ》の本能《ほんのう》、習性《しゅうせい》を理解《りかい》したうえで、しっかりとしつけをすることが大事《だいじ》なんです。飼《か》い主《ぬし》と犬《いぬ》がいいパートナーとしての関係《かんけい》を保《たも》つには、飼《か》い主《ぬし》が勉強《べんきょう》すべきことはたくさんあります」

「ワン！　ワンワン、ワーン！」

ときどき、犬《いぬ》のほえる声《こえ》が、会場《かいじょう》にけたたましく響《ひび》きます。

小杉《こすぎ》さんがマイクで説明《せつめい》しているあいだ、飼《か》い主《ぬし》はいすに座《すわ》り、犬《いぬ》はその隣《とな》りにおすわりをさせて待《ま》たせておかなければいけません。

でも、おとなしく抱《だ》かれている小《ちい》さな犬《いぬ》もいれば、隣《とな》りの犬《いぬ》とほえあって、けんかをする犬《いぬ》もいます。クーンクーンとやたら鼻《はな》を鳴《な》らす犬《いぬ》、飼《か》い主《ぬし》のまわりをウロウロして落《お》ち着《つ》かない犬《いぬ》など、犬《いぬ》の姿《すがた》はさまざまでした。

犬《いぬ》のようすや態度《たいど》もいろいろですが、飼《か》い主《ぬし》のほうも、何度《なんど》もどなるように注意《ちゅうい》する人《ひと》、頭《あたま》をたたく人《ひと》、まったく無視《むし》している人《ひと》、指導員《しどういん》の話《はなし》を聞《き》かずに、隣《とな》りの人《ひと》とおしゃべりしてばかりいる人《ひと》など、さまざまです。

飼《か》い主《ぬし》のようすと犬《いぬ》の態度《たいど》をながめていると、いろいろな関係《かんけい》が見《み》えてきます。動物《どうぶつ》は飼《か》い主《ぬし》を選《えら》べないので、飼《か》い主《ぬし》によって、しあわせになれるかなれないか、その一生《いっしょう》が決《き》まってしまいます。いずれにしても、人間《にんげん》と動物《どうぶつ》のふしぎなめぐりあわせを感《かん》じます。

正面《しょうめん》で説明《せつめい》をする小杉《こすぎ》さんのうしろに立《た》っている保坂《ほさか》さんは、ウルフにリードをつけて、みんなのほうをまっすぐに見《み》ています。ウルフは、保坂《ほさか》さんの左側《ひだりがわ》にぴったりと寄《よ》り添《そ》っています。ときどき、ウルフが保坂《ほさか》さんの顔《かお》を見上《みあ》げると、保坂《ほさか》さんは、ウルフの顔《かお》や背中《せなか》をやさしく何度《なんど》もなでています。

「きょうも、いろんなワンちゃんが来《き》ているなあ。なあに、だいじょうぶさ、いつものようにやればいいいんだよ」

保坂《ほさか》さんがウルフの緊張《きんちょう》をときほぐそうとしているのがわかります。話《はなし》がまだつづくようなので、保坂《ほさか》さんはウルフに「伏《ふ》せ」と告《つ》げました。

すると、ウルフはさっと姿勢《しせい》を低《ひく》くし、伏《ふ》せの態勢《たいせい》をとりました。保坂《ほさか》さんの声《こえ》を聞《き》くと同時《どうじ》に動《うご》くウルフの身《み》のこなしは、とてもスムーズです。息《いき》があっていて、よく訓練《くんれん》されているんだなということが一目《ひとめ》でわかりました。

お話《はなし》がおわり、いよいよウルフの出番《でばん》です。

保坂《ほさか》さんの声《こえ》で、ウルフはさっと立《た》ち上《あ》がります。

リードを引《ひ》いての「リーダー・ウォーク」では、ウルフはさらに参加《さんか》者《しゃ》の目《め》をひきました。足《あし》さばき、歩《ある》くスピードも、保坂《ほさか》さんと呼吸《こきゅう》がぴったり。姿勢《しせい》もよく、堂々《どうどう》とふるまう姿《すがた》に、みんなが注目《ちゅうもく》しています。

また、犬《いぬ》の背中側《せなかがわ》から抱《だ》きかかえる「ホールド・スチール」や、お腹《なか》を横《よこ》にしたり、あおむけに寝《ね》かせたりして、全身《ぜんしん》をなでる「タッチング」でも、保坂《ほさか》さんの指示《しじ》にウルフはすばやく従《したが》います。そのきびきびとした動《うご》きは、見《み》ているだけで気持《きも》ちよくなってきます。

「すご〜い、ウルフ。立派《りっぱ》ねえ」

訓練《くんれん》された犬《いぬ》を間近《まぢか》に見《み》るのが初《はじ》めてのわたしは、すばらしいウルフの姿《すがた》に、感心《かんしん》するばかりでした。

保坂《ほさか》さんとウルフのデモンストレーションを見《み》たあと、参加者《さんかしゃ》が自分《じぶん》の犬《いぬ》といっしょに実践練習《じっせんれんしゅう》をすることになりました。みんな、ぎこちない動《うご》きながらも、保坂《ほさか》さんのまねをしようとします。

りりしい姿《すがた》のウルフ。

そのなかに、二人《ふたり》の孫《まご》といっしょに参加《さんか》しているおばあちゃんがいました。そのおばあちゃんが、ラブラドールをひいてリーダー・ウォークをしますが、犬《いぬ》のほうが先《さき》に歩《ある》いて、グイグイ引《ひ》っぱっています。そのおばあちゃんはリードを持《も》っているのが精一杯《せいいっぱい》のようすです。

また、そのラブラドールときたら、やんちゃで、決《き》められたコースを歩《ある》かず、自分《じぶん》の好《す》きなほうへ進《すす》みます。そのたびにおばあちゃんの足《あし》にリードがからまってしまい、だれが見《み》てもお手上《てあ》げの状態《じょうたい》です。

これでは、犬《いぬ》がリーダーになっているので、飼《か》い主《ぬし》と犬《いぬ》の立場《たちば》が逆《ぎゃく》です。犬《いぬ》がリーダーになると、飼《か》い主《ぬし》のいうことをきかず、わがままにふるまいます。

犬《いぬ》は、信頼《しんらい》できるリーダーに従《したが》い、その人《ひと》にかわいがられることに喜《よろこ》びを感《かん》じる動物《どうぶつ》といわれます。リーダーにほめられたり、喜《よろこ》んでもらったりすることが、犬《いぬ》にとってはもっとも幸《しあわ》せなことなのです。ですから、飼《か》い主《ぬし》は、しっかりしたリーダーになって、犬《いぬ》から信頼《しんらい》されるように努《ど》力《りょく》しなければならないのです。

飼《か》い主《ぬし》と犬《いぬ》の立場《たちば》や関係《かんけい》をはっきりさせるために、このリーダー・ウォークはいい練習《れんしゅう》になります。会場《かいじょう》を見渡《みわた》すと、上手《じょうず》にできている人《ひと》もいますが、ラブラドールの飼《か》い主《ぬし》のおばあちゃんのように、犬《いぬ》に引《ひ》っぱられている飼《か》い主《ぬし》も少《すく》なくありません。

人間《にんげん》と犬《いぬ》がパートナーとしてのいい関係《かんけい》を保《たも》つためには、毎日《まいにち》の積《つ》み重《かさ》ねが大切《たいせつ》だとわかります。

＊保坂《ほさか》さんは魔術師《まじゅつし》＊

小杉《こすぎ》さんがマイクをにぎりました。

「みなさん、どうですか。自分《じぶん》でやってみると、意外《いがい》にむずかしいと思《おも》われるかもしれません。でも、何度《なんど》かやっているうちに、お互《たが》いに呼吸《こきゅう》を合《あ》わせられるようになります。コツさえつかめば、うまくできるようになりますよ。じゃあ、もう一度《ど》、保坂《ほさか》さんにお手本《てほん》を見《み》せてもらいましょう」

保坂《ほさか》さんは、ウルフに伏《ふ》せをさせ、その場《ば》で待《ま》つように指示《しじ》をしました。そして、なかなかうまくできなかったおばあちゃんのほうへ近《ちか》づくと、そのラブラドールのリードを手《て》に取《と》りました。

一瞬《いっしゅん》、ラブラドールは後《あと》ずさりしようと身構《みがま》えましたが、保坂《ほさか》さんはまっすぐ前《まえ》を向《む》いて、さっさっと、歩《ある》き出《だ》しました。すると、どうでしょう。そのラブラドールは素直《すなお》に歩《ある》きはじめました。決《き》められたコースをまっすぐに進《すす》みはじめたではありませんか。

「おお〜〜、すご〜〜い」

会場《かいじょう》のあちらこちらから、驚《おどろ》きの声《こえ》があがりました。みんな目《め》を見《み》はっています。さっき、おばあちゃんが手《て》をやいていたようすを、会場《かいじょう》のみんなが見《み》ていたので、なおさらです。

それだけではありません。

保坂《ほさか》さんは正面《しょうめん》の位置《いち》までもどると、「伏《ふ》せ」をさせ、つぎに、あおむけに寝《ね》かせ、お腹《なか》をなでる「タッチング」までしてみせました。

犬《いぬ》が自分《じぶん》のお腹《なか》を見《み》せるということは、「わたしはあなたに服従《ふくじゅう》します」という意味《いみ》なのです。

「おお～～！！」

会場《かいじょう》はふたたび、驚《おどろ》きの声《こえ》に満《み》ちました。

拍手《はくしゅ》がわき起《お》こりました。

会場《かいじょう》のみんなの目《め》が、保坂《ほさか》さんとラブラドールにくぎづけです。

「ふしぎでしょう。たいていの犬《いぬ》は、保坂《ほさか》さんのいうことを、すぐ聞《き》くようになるんですよ。保坂《ほさか》さんは、犬《いぬ》の表情《ひょうじょう》やしぐさをちょっと見《み》ただけで、その犬《いぬ》の性格《せいかく》がわかるんです。それにね、どんな人《ひと》が飼《か》い主《ぬし》なのか、家《いえ》でどんなふうに扱《あつか》われているのかもわかるんですよ。犬《いぬ》のことを知《し》りつくしている保坂《ほさか》さんにかないませんよ」

宮腰所長《みやこししょちょう》さんが隣《とな》りにきて、目《め》を細《ほそ》めています。

「保坂《ほさか》さんがこういうこともなさるとは、知《し》りませんでした。それにしても、初《はじ》めての犬《いぬ》を、それも、あの犬《いぬ》を、あんなふうに操《あやつ》ってしまうとは、驚《おどろ》きですねえ」

「保坂《ほさか》さんがさっき、ウルフといっしょに、お手本《てほん》を見《み》せましたよね。でも、参加《さんか》している飼《か》い主《ぬし》さんたちは、ウルフはちゃんと訓練《くんれん》を受《う》けたモデル犬《けん》だから、うまくできてあたりまえって思《おも》うんです」

「わかります。ウルフは特別《とくべつ》な犬《いぬ》だから、うちの犬《いぬ》とはちがうよっていう目《め》で見《み》てしまうんですね」

「それで、ウルフのかわりに、さっきのような犬《いぬ》を選《えら》んで、お手本《てほん》にしてみせるんですよ。初《はじ》めて会《あ》った犬《いぬ》でも、一瞬《いっしゅん》で手《て》なづけるのを見《み》ると、しつけをあきらめかけていた飼《か》い主《ぬし》さんも、みんな驚《おどろ》くでしょう。もう一度《ど》、真剣《しんけん》に取《と》り組《く》んでみようという気《き》になる。飼《か》い主《ぬし》さんがあきらめたり、投《な》げ出《だ》したりしちゃったら、それで、おしまいですからね。まずは、飼《か》い主《ぬし》さんたちに、やる気《き》を出《だ》してもらって、しつけをきちんとしてもらわないことには……」

「保坂《ほさか》さんは魔術師《まじゅつし》ですね！」

「わがままな犬《いぬ》も、一瞬《いっしゅん》にして、おりこうさんにしてしまう……ほんとうに魔法《まほう》でもかけているんじゃないのかと、センターのわれわれもふし

しつけ方教室《かたきょうしつ》で「リーダー・ウォーク」のお手本《てほん》を見《み》せるウルフと保坂《ほさか》さん。

ぎなんですがね……」

保坂《ほさか》さんや、ほかの職員《しょくいん》のところにも、飼《か》い主《ぬし》たちがたくさん集《あつ》まってきました。わんぱくなラブラドールが保坂《ほさか》さんの指示《しじ》に素直《すなお》に従《したが》ったので、だれもが、そのコツを聞《き》きたいのです。積極的《せっきょくてき》に相談《そうだん》したり、質《しつ》問《もん》したりするようになりました。

「うちの犬《いぬ》、やたら、ほえるんですけど、どうしたらいいんでしょうか」

「なかなか、じっと待《ま》っていられなくて困《こま》るんですが……」

「散歩《さんぽ》の途中《とちゅう》、ほかの犬《いぬ》とけんかしてしまうのは、どうすればいいんですか」

飼《か》い主《ぬし》たちの悩《なや》みは尽《つ》きません。でも、たずねられた質問《しつもん》に、職員《しょくいん》たちが、てきぱきとアドバイスをしています。

保坂《ほさか》さんは、犬《いぬ》のことならたいていのことは知《し》っています。表情《ひょうじょう》やしぐさだけで、犬《いぬ》の気持《きも》ちがわかります。モデル犬《けん》を訓練《くんれん》するときには、愛情《あいじょう》をたっぷり注《そそ》ぎ、自分《じぶん》の犬《いぬ》のようにかわいがっています。犬《いぬ》が大好《だいす》きな、そんな保坂《ほさか》さんが、捨《す》て犬《いぬ》の殺処分《さつしょぶん》にたずさわらなければならないとは、なんと皮肉《ひにく》なことでしょう。

抑留室《よくりゅうしつ》やガス室《しつ》を案内《あんない》してくれたときの保坂《ほさか》さんの姿《すがた》や表情《ひょうじょう》が目《め》に浮《う》かんできました。

操作室《そうさしつ》でガスの注入《ちゅうにゅう》のボタンを押《お》すときの保坂《ほさか》さんの気持《きも》ちを察《さっ》すると、わたしは胸《むね》の奥《おく》が痛《いた》くなりました。

しつけ方教室《かたきょうしつ》がはじまって二時間《じかん》ほどがたちました。

最初《さいしょ》はリーダー・ウォークがなかなかできなかった飼《か》い主《ぬし》も、犬《いぬ》との距離《きょり》が一定《いってい》になり、歩《ある》き方《かた》もリズムにのってきました。

あのおばあちゃんがリードを持《も》って歩《ある》きはじめました。やっぱり、ダメです。ラブラドールが、また、いうことを聞《き》きません。ぐいぐい引《ひ》っぱっています。

ここに集《あつ》まったおおぜいの飼《か》い主《ぬし》とさまざまな種類《しゅるい》の犬《いぬ》を観察《かんさつ》していると、人《ひと》と犬《いぬ》との正《ただ》しい関係《かんけい》があってこそ、しつけができるのだということが、だんだんわかってきました。犬《いぬ》は飼《か》い主《ぬし》の気《き》持《も》ちがわかりますから、飼《か》い主《ぬし》が毅然《きぜん》とした態度《たいど》でなければいけません。

犬《いぬ》との信頼関係《しんらいかんけい》を築《きず》くには、時間《じかん》も手間《てま》もかかるし、根気《こんき》も必要《ひつよう》なことがわかります。犬《いぬ》が家族《かぞく》の一員《いちいん》という気《き》持《も》ちがなければ、とても長《なが》つづきはしないように思《おも》えます。

保坂《ほさか》さんが、会場《かいじょう》の端《はじ》でつまらなそうにしている男《おとこ》の子《こ》に話《はな》しかけました。

「リーダー・ウォーク、やってみないかい？　なあに、心配《しんぱい》しなくていいんだよ。ウルフが教《おし》えてくれるから」

保坂《ほさか》さんがその子《こ》にリードを渡《わた》しました。

困《こま》った顔《かお》で歩《ある》き出《だ》した男《おとこ》の子《こ》に、ウルフが寄《よ》り添《そ》いました。リードを引《ひ》っぱって先《さき》に行《い》くでもなく、遅《おく》れるでもなく、ウルフはうまく間隔《かんかく》をとっています。

「ぼくにまかせてくれれば、だいじょうぶだよ」とでも言《い》いたげに、ウルフは胸《むね》をはって、さっそうと歩《ある》いています。

ほかの飼《か》い主《ぬし》たちに見《み》られているのがわかり、男《おとこ》の子《こ》は恥《は》ずかしくなったのか、ちょっとうつむき加減《かげん》です。

「うまいうまい、その調子《ちょうし》。もう一周《しゅう》してみようか」

保坂《ほさか》さんが見守《みまも》っています。

コースを二周歩《しゅうある》きおえると、男《おとこ》の子《こ》はウルフの頭《あたま》を何度《なんど》も何度《なんど》もなでました。だって、ウルフが自分《じぶん》に合《あ》わせてくれたからこそ、みんなの前《まえ》でうまくできたのですから。

「ありがとう、ウルフ」

ウルフは、しっぽをふりながら、その子《こ》の顔《かお》をペロっとなめました。

男《おとこ》の子《こ》はうれしそうに走《はし》っていきました。よく見《み》ると、戻《もど》ったところは、あのおばあちゃんのところ。おばあちゃんからリードをもらうと、
さっそく、ラブラドールといっしょにリーダー・ウォークの練習《れんしゅう》をはじ

めました。

「よしよし、ご苦労《くろう》さん。ウルフ、よかったぞ」

ニコニコ顔《がお》の保坂《ほさか》さんがしゃがみこんで、ウルフの体《からだ》をなでています。

ウルフは満足《まんぞく》げでうれしそうです。

「保坂《ほさか》さん、さっきの子《こ》が、あのおばあちゃんの孫《まご》だということを知《し》っていて、ウルフにお供《とも》をさせたんですね」

「ええ、おばあちゃんには大変《たいへん》そうだったからねえ。あの子《こ》がやる気《き》になったら、ラブラドールのいいパートナーになれるかもしれない……」

集《あつ》まった犬《いぬ》のようすを観察《かんさつ》したり、しつけを教《おし》えたりしながら、参加《さんか》した人《ひと》たちにも気《き》を配《くば》る保坂《ほさか》さん。頭《あたま》が下《さ》がりました。

「それにしても、ウルフは立派《りっぱ》なモデル犬《けん》ですね。保坂《ほさか》さんが訓練《くんれん》したんですか。どういう犬《いぬ》がモデル犬《けん》になれるんでしょうか」

保坂《ほさか》さんは顔《かお》をくしゃくしゃにして、とびきりの笑顔《えがお》を見《み》せてくれました。

「これはね、長《なが》い話《はなし》になるんですけどね……」

＊雪《ゆき》のように白《しろ》い子犬《こいぬ》＊

いまから七年《ねん》ほど前《まえ》のことです。

ある日《ひ》、県南《けんなん》の町《まち》、大仙市《だいせんし》（その当時《とうじ》は大曲市《おおまがりし》）に住《す》む女性《じょせい》が、一匹《ぴき》の子犬《こいぬ》を友人《ゆうじん》からもらって、飼《か》いはじめました。

「おりこうさんにしているのよ。えさはいっぱい置《お》いてあるから、食《た》べたいときに食《た》べていいからね。会社《かいしゃ》がおわったらすぐに帰《かえ》ってくるから。だいじょうぶよね。じゃあ、いってきます」

「ク～ン……」

その二十代《だい》の若《わか》い女性《じょせい》は、ひとり暮《ぐ》らしをしていました。会社《かいしゃ》に勤《つと》めているので、朝《あさ》から夕方《ゆうがた》まで留守《るす》のあいだ、アパートの部屋《へや》に置《お》きっぱなしにするしかありません。

女性《じょせい》が出《で》かけるのが朝《あさ》八時《じ》すぎ。それから夕方《ゆうがた》六時《じ》ごろまで、十時間《じかん》もあります。生後《せいご》二カ月《げつ》になるかならないかの子犬《こいぬ》にとっては、長《なが》い長《なが》い時間《じかん》です。ひとりっきりの留守番《るすばん》は、さびしくて心細《こころぼそ》くてなりませんでした。

「ク～～ン、ク～～ン。キャンキャン！　ク～～ン」

飼《か》い主《ぬし》の女性《じょせい》が帰《かえ》ってくるまで、さびしくて仕方《しかた》がありません。一番《いちばん》甘《あま》えたい時期《じき》なのに、だれもいない部屋《へや》に、ひとりでじっとしているしかないのです。待《ま》ち遠《どお》しくて、鳴《な》き声《ごえ》をあげてしまいます。

「お宅《たく》の犬《いぬ》、一日中《いちにちじゅう》、鳴《な》きっぱなしなのよ。あなたは留守《るす》でわからないでしょうけどね。もう、うるさくって、困《こま》るんですよ。なんとかしてくださいよ」

「あんた、そんな小《ちい》さな犬《いぬ》を部屋《へや》に閉《と》じこめておくのは、かわいそうじゃないか。鼻《はな》を鳴《な》らすのが気《き》になってしかたがない。なんとかできないのか」

「すみません。お騒《さわ》がせしてしまって……」

隣《とな》り近所《きんじょ》から苦情《くじょう》が多《おお》くなり、女性《じょせい》は困《こま》りはててしまいました。会社《かいしゃ》をやめるわけにはいかないし、日中《にっちゅう》、預《あず》かってくれる人《ひと》を探《さが》すことにしました。

（ひとり暮《ぐ》らしのさびしさを紛《まぎ》らわせようと、譲《ゆず》ってもらったけれど、考《かんが》えが甘《あま》かったかな……ひどい飼《か》い主《ぬし》ね。ごめんね）

「ク～ン……」

子犬《こいぬ》はつぶらな目《め》で、女性《じょせい》を見上《みあ》げています。

このころ、シベリアン・ハスキーは流行《はや》りの犬《いぬ》でした。近所《きんじょ》を散歩《さんぽ》するハスキーの姿《すがた》にひかれ、この女性《じょせい》も、あんな犬《いぬ》を連《つ》れて歩《ある》きたいなと、あこがれていたのです。でも、子犬《こいぬ》の世話《せわ》に、こんなに手《て》がかかるとは思《おも》っていませんでした。

「ごめん、もう無理《むり》……」

預《あず》かってくれる人《ひと》も、もらってくれる人《ひと》も見《み》つからず、女性《じょせい》は途方《とほう》にくれました。近所《きんじょ》の人《ひと》たちは女性《じょせい》が部屋《へや》にいる時間《じかん》を見計《みはか》らって、苦情《くじょう》を言《い》いにきます。これ以上《いじょう》、迷惑《めいわく》をかけるわけにもいきません。女性《じょせい》はとうとう、市内《しない》の保健所《ほけんじょ》に持《も》ち込《こ》み、引《ひ》き取《と》りを頼《たの》むことにしました。

大仙市《だいせんし》の保健所《ほけんじょ》で二日《ふつか》すごしたあと、その、いたいけな子犬《こいぬ》は、県《けん》動物管理《どうぶつかんり》センターに移《うつ》されてきました。

木曜日《もくようび》の朝《あさ》、ワゴン車《しゃ》がセンターの車寄《くるまよ》せに入《はい》ってきました。

ちょうど、この日《ひ》は、保坂《ほさか》さんが受《う》け入《い》れの作業《さぎょう》をしていました。

車《くるま》から下《お》ろされた真《ま》っ白《しろ》なハスキーの子犬《こいぬ》。

「おやおや、こりゃあ、珍《めずら》しい」

ふつう、ハスキーは、顔《かお》に歌舞伎役者《かぶきやくしゃ》の隈取《くまど》りのような模様《もよう》がありま す。でも、この子犬《こいぬ》は頭《あたま》の先《さき》からしっぽの先《さき》まで、雪《ゆき》のようです。

それに瞳《ひとみ》が、澄《す》んだ淡《あわ》いブルーです。宝石《ほうせき》もかなわないくらいに、キラキラ輝《かがや》いていました。

「なんて、きれいな目《め》なんだ。吸《す》い込《こ》まれそうだ」

「ク〜〜ン」

子犬《こいぬ》が保坂《ほさか》さんの顔《かお》を見《み》つめました。

「よし、よし。飼《か》い主《ぬし》さんはどうした？　なんで、こんなところにきてしまったんだい？」

保坂《ほさか》さんは、子犬《こいぬ》を抱《だ》きあげました。

このところ、県内各地《けんないかくち》から、ハスキー犬《けん》が管理《かんり》センターに立《た》てつづけに移送《いそう》されていました。でも、それは、すでに大《おお》きくなった成犬《せいけん》のハスキーです。

ハスキーは人気《にんき》のペット犬《けん》としてブームが起《お》こり、飼《か》いはじめる人《ひと》が

センターにやってきたばかりのウルフ。生後《せいご》２カ月《げつ》。

多《おお》かったのです。多《おお》くの人《ひと》は、そのりりしい風貌《ふうぼう》とかっこいい姿《すがた》を好《この》みます。でもすぐに、体《からだ》が大《おお》きくなり、もともと、そりをひく雪国《ゆきぐに》の犬《いぬ》なので、力《ちから》が強《つよ》くなるのです。

かっこいいと飛《と》びついたものの、いざ、ペットとして飼《か》ってみると、散歩《さんぽ》のリードを引《ひ》っぱる力《ちから》が強《つよ》いので、子《こ》どもやお年寄《としよ》りでは世話《せわ》をするのがむずかしいことがわかります。

「もう、ひきずられちゃう。手《て》に負《お》えないよ。それに、なかなか言《い》うことを聞《き》かない。バカなんだから」

ハスキー犬《けん》の性格《せいかく》、特徴《とくちょう》、習性《しゅうせい》などを知《し》らないままに飼《か》いはじめた人《ひと》も多《おお》く、手《て》にあまって、引《ひ》き取《と》ってほしいという人《ひと》がふえていたのです。

家族《かぞく》の一員《いちいん》として迎《むか》えるというより、連《つ》れて歩《ある》けば人目《ひとめ》をひく見映《みば》えのいい犬《いぬ》がほしいと考《かんが》えて飼《か》いだした人《ひと》は、たいてい成犬《せいけん》になったハスキーをもてあましていました。

「クーン、クーン」

白《しろ》いハスキーの子犬《こいぬ》は、保坂《ほさか》さんの手《て》をペロペロとなめました。

「生《う》まれてから、まだ二カ月《げつ》ちょっとしかたっていない……よしよし。かわいそうに」

抑留室《よくりゅうしつ》に入《い》れてからも、保坂《ほさか》さんは子犬《こいぬ》のことが気《き》になって、何度《なんど》もようすを見《み》にいきました。

「クーン、クーン」

ずっと鼻《はな》を鳴《な》らしています。

甘《あま》えたい盛《さか》りなのに、それを受《う》け入《い》れてもらったこともなければ、人間《にんげん》に愛《あい》されることも知《し》らないまま連《つ》れてこられたのです。ずっと待《ま》ちわびていた、やさしく抱《だ》いてほしかった飼《か》い主《ぬし》に捨《す》てられたあげく、ここで残酷《ざんこく》な死《し》を迎《むか》えなければならないのです。

（あしたが処分《しょぶん》の日《ひ》……なんとか助《たす》けてあげられないものか……）

保坂《ほさか》さんは、この愛《あい》くるしいハスキーの子犬《こいぬ》をガス室《しつ》に入《い》れなければならないかと思《おも》うと、気《き》が滅入《めい》るばかりです。

その日《ひ》の夕方《ゆうがた》。

保坂《ほさか》さんは所長《しょちょう》に相談《そうだん》をしました。

ちょうど、管理《かんり》センターでは、しつけ方教室《かたきょうしつ》をはじめたばかりで、ハスキーのめす犬《いぬ》のエディが、モデル犬《けん》としての訓練《くんれん》を受《う》けていました。

この子犬《こいぬ》もいっしょに、モデル犬《けん》として育《そだ》ててみてはどうかと思《おも》いつついたのです。

「訓練《くんれん》がうまくいったら、エディといっしょに二匹《ひき》そろって、教室《きょうしつ》に出《で》られます。この子犬《こいぬ》をぜひ、モデル犬《けん》として育《そだ》てたいのです」

「気持《きも》ちはよくわかりますが、ここに送《おく》られてくる動物《どうぶつ》に情《じょう》が移《うつ》ったとしたなら、困《こま》りますね。これからも、どんどんつらくなるだけですよ。保坂《ほさか》さん、われわれの仕事《しごと》は、割《わ》り切《き》って考《かんが》えていかないと。センターでモデル犬《けん》を何匹《なんびき》もかかえていくわけにもいかないのですからね……」

「はい、それは承知《しょうち》の上《うえ》ですが、どうしても、この子犬《こいぬ》もここでしつけをして、エディのようなモデル犬《けん》に育《そだ》てあげたいのです。ぜひ、わたしに育《そだ》てさせてください。どうか、お願《ねが》いします」

しつけ方教室《かたきょうしつ》で飼《か》い主《ぬし》たちと接《せっ》するようになって、保坂《ほさか》さんは少《すこ》しずってですが、たしかな手応《てごた》えを感《かん》じていました。犬《いぬ》がどんな生《い》きものか、その生態《せいたい》や力量《りきりょう》を知《し》ると、飼《か》い主《ぬし》たちも、いいパートナーとしての関係《かんけい》を築《きず》こうとし、学《まな》ぶ姿勢《しせい》になることがわかりました。できるかぎり各地《かくち》で教室《きょうしつ》を開《ひら》いて、たくさんの飼《か》い主《ぬし》に参加《さんか》してもらって、人間《にんげん》と犬《いぬ》の正《ただ》しいつきあい方《かた》を勉強《べんきょう》してほしいと思《おも》っています。

また、保健所《ほけんじょ》や管理《かんり》センターに引《ひ》きとってほしいと、平然《へいぜん》と動物《どうぶつ》を持《も》ち込《こ》む飼《か》い主《ぬし》たちを見《み》てきた自分《じぶん》たちだからこそ、積極的《せっきょくてき》に取《と》り組《く》むべきだと感《かん》じていました。

一方《いっぽう》で、シベリアン・ハスキーは、物覚《ものおぼ》えがあまりよくないとか、しつけをするのが大変《たいへん》だという人《ひと》が多《おお》いことも知《し》っていました。

「そんなに悪口《わるぐち》をいわれているのなら、かえって、やりがいがあるってもんです。ラブラドールのように、盲導犬《もうどうけん》や介助犬《かいじょけん》に育《そだ》てやすい犬《いぬ》をモデル犬《けん》にするよりも、時間《じかん》はかかるかもしれませんが、訓練《くんれん》のしがいがあります。この子犬《こいぬ》は、わたしが責任《せきにん》をもって育《そだ》てます。かならず、お手本《てほん》となるような、すばらしいモデル犬《けん》にします」

保坂《ほさか》さんの真剣《しんけん》さに、所長《しょちょう》さんも心《こころ》を動《うご》かされたようです。

「……なるほど。よくわかりました。保坂《ほさか》さんがそこまで考《かんが》えているのなら、いいでしょう。そのかわり、立派《りっぱ》なモデル犬《けん》に育《そだ》ててくださいね。頼《たの》みましたよ」

所長《しょちょう》さんはしゃがみこんで、子犬《こいぬ》の頭《あたま》をなでました。

「よしよし、おチビちゃん。よかったな。いいモデル犬《けん》になるんだぞ。しっかり、がんばるんだよ」

まだ幼《おさな》い子犬《こいぬ》には、自分《じぶん》の身《み》になにが起《お》きているのかわかるはずもありません。所長《しょちょう》さんがやさしいまなざしで見《み》つめると、子犬《こいぬ》はしっぽを振《ふ》りながら、むじゃきな顔《かお》を向《む》けました。

「ク～ン、ク～ン」

＊ウルフは人気者《にんきもの》＊

「ク～ン、ク～ン」

保坂《ほさか》さんは、その子犬《こいぬ》に「ウルフ」という名前《なまえ》をつけました。でも、名前《なまえ》に似合《にあ》わず、あいかわらず鼻《はな》を鳴《な》らしてばかりいます。

「母犬《ははいぬ》から早《はや》く離《はな》しすぎたんだね。これは、やっぱり、気長《きなが》に構《かま》えるしかないなあ」

犬《いぬ》や猫《ねこ》は、生《う》まれてから少《すく》なくとも二～三カ月《げつ》は、母親《ははおや》といっしょにいるべきだと言《い》われています。親《おや》にしっかり面倒《めんどう》を見《み》てもらい、また、いっしょに生《う》まれた兄弟《きょうだい》といっしょにいることで、社会性《しゃかいせい》がはぐくまれるのです。

ウルフはすぐに母犬《ははいぬ》から離《はな》されただけではなく、ほとんど一日中《いちにちじゅう》、部《へ》屋《や》にひとりぼっちで置《お》かれていました。どんなにさびしかったことでしょう。どんなに母親《ははおや》が恋《こい》しかったことでしょう。

そんなウルフがたまらなくふびんで、管理《かんり》センターの職員《しょくいん》の人《ひと》たちは、みんなで協力《きょうりょく》して目《め》をかけ、ウルフの世話《せわ》をすることにしました。

「ウルフ、おはよう」

「ウルフ、いっしょに散歩《さんぽ》にいこう」

「さあ、ごはんだよ、ウルフ」

「おやおや、眠《ねむ》いのか。ウルフ、さあ、昼寝《ひるね》の時間《じかん》にしようね」

甘《あま》えんぼうのウルフに、できるだけ声《こえ》をかけ、体《からだ》をなでてやったりして、あたたかく見守《みまも》ることにしました。

ウルフはだんだん、安心《あんしん》して甘《あま》えられることを知《し》り、みんなからたっぷりと愛情《あいじょう》を注《そそ》がれ、少《すこ》しずつ落《お》ち着《つ》いていきました。そして、日《ひ》ごとに、鼻《はな》を鳴《な》らすことも減《へ》っていったのです。

「ウルフ、散歩《さんぽ》にいこうな」

保坂《ほさか》さんがウルフを連《つ》れだしました。でも、朝《あさ》一番《ばん》にいく場所《ばしょ》は決《き》まっています。

「ウルフ、ここには、たくさんの犬《いぬ》や猫《ねこ》のたましいが眠《ねむ》っている。わたしは最初《さいしょ》、どうしてこんな仕事《しごと》をしなければならないのか悩《なや》み、何度《なんど》もやめようと思《おも》ったんだよ。でも、いまは、しつけ方教室《かたきょうしつ》でいろいろな飼《か》い主《ぬし》に会《あ》って、犬《いぬ》とのつきあい方《かた》を教《おし》えることができるようになった。まだまだ処分《しょぶん》しなければならない犬《いぬ》や猫《ねこ》は多《おお》いけれど、いつの日《ひ》か、そんなみじめな死《し》に方《かた》をする犬《いぬ》や猫《ねこ》をなくしたい。いや、なくせるはずだと思《おも》っている。あきらめてしまったら、それでおわり。ほんの少《すこ》しでも、一匹《ぴき》でも救《すく》うために、がんばろうと思《おも》う。もう、ずっと、この仕事《しごと》をしてきたんだ。最後《さいご》までやり通《とお》したいよ。ウルフ、わかるよな。助《たす》けてくれるかい？」

保坂《ほさか》さんがウルフの顔《かお》を両手《りょうて》で包《つつ》むと、その目《め》は、「うん、ぼく、手《て》伝《つだ》うよ。きっと、いいモデル犬《けん》になってみせるよ」と返事《へんじ》をしているようでした。

しつけ方教室《かたきょうしつ》に初《はじ》めて参加《さんか》したウルフ。生後《せいご》４カ月《げつ》。
まだまだやんちゃな子犬《こいぬ》です。

保坂《ほさか》さんが慰霊碑《いれいひ》に向《む》かって手《て》を合《あ》わせ、いつもより長《なが》い時間《じかん》、目《め》を閉《と》じています。ウルフはしっぽを振《ふ》りながら、一途《いちず》なまなざしで、保坂《ほさか》さんを見《み》つめていました。人間《にんげん》を疑《うたが》うことを知《し》らないその目《め》を、保坂《ほさか》さんはやさしく受《う》けとめました。

「お待《ま》たせ。さあ、いこう、ウルフ」

ウルフは、保坂《ほさか》さんはじめ、センターの職員《しょくいん》みんなにあたたかく見守《みまも》られ、スクスクと元気《げんき》に育《そだ》ちました。

半年《はんとし》もすると、体《からだ》も大《おお》きくなり、だれが見《み》ても、立派《りっぱ》なハスキー犬《けん》に成長《せいちょう》しました。最初《さいしょ》こそ手《て》がかかったものの、モデル犬《けん》としての訓練《くんれん》をつぎつぎとこなし、エデイといっしょに、県内《けんない》各地《かくち》のしつけ方教室《かたきょうしつ》に出《で》られるほどになっていました。

「わあ〜〜、かっこいい！」

りりしい顔《かお》に、すき通《とお》ったブルーの目《め》、全身《ぜんしん》まっ白《しろ》なウルフは、どこにいっても目立《めだ》ち、すぐ人気者《にんきもの》になりました。保坂《ほさか》さんとの息《いき》もぴったりで、参加《さんか》した飼《か》い主《ぬし》たちを驚《おどろ》かせます。

「へえ〜〜、ハスキーでも、こんなに、ちゃんとできるんだ……」

「ウルフのように、しつけたい」

「手《て》に負《お》えないとあきらめかけたけど、やってできないことはないんですね。もう一度《ど》、やり直《なお》してみます。ウルフをみならって、がんばってみます」

しつけ方教室《かたきょうしつ》は大評判《だいひょうばん》となりました。ウルフがアイドル的《てき》な存在《そんざい》として、みんなの注目《ちゅうもく》を集《あつ》めたことも要因《よういん》でした。所長《しょちょう》さんも、職員《しょくいん》の人《ひと》たちも、みんなで目《め》を細《ほそ》め、喜《よろこ》びました。

秋田県内《あきたけんない》のたくさんの飼《か》い主《ぬし》に、犬《いぬ》とのあるべき関係《かんけい》、人間《にんげん》と犬《いぬ》との絆《きずな》を伝《つた》える、大事《だいじ》な役割《やくわり》をはたしている三匹《びき》。でも、ウルフだけではなく、エディも、アイも、じつは、捨《す》て犬《いぬ》でした。

エディは県南《けんなん》のある町《まち》で、生後《せいご》一年余《ねんあま》りのときに保健所《ほけんじょ》に捕獲《ほかく》されました。アイも、おなじように、うろついているところを捕《つか》まり、保健所《ほけんじょ》をへて管理《かんり》センターに連《つ》れてこられた犬《いぬ》なのです。

ウルフ、エディ、アイの三匹《びき》とも、数日後《すうじつご》には処分《しょぶん》される運命《うんめい》にありました。けれども、幸運《こううん》にも、モデル犬《けん》としての新《あたら》しい道《みち》が与《あた》えられ、管理《かんり》センターの職員《しょくいん》の世話《せわ》を受《う》けながら、幸《しあわ》せな日々《ひび》をすごすことになったのです。

＊ウルフ、里親《さとおや》のもとへ＊

四月《がつ》、桜《さくら》の季節《きせつ》がめぐってきました。
六月《がつ》、雨《あめ》の日《ひ》がつづいています。
八月《がつ》、セミの声《こえ》がやかましいほど、センターを包《つつ》みます。
十月《がつ》、木々《きぎ》の葉《は》が赤《あか》や黄色《きいろ》に染《そ》まります。
十二月《がつ》、木枯《こが》らしとともに、チラチラと雪《ゆき》が空《そら》から舞《ま》い降《お》りてきます。
二月《がつ》、センターは雪《ゆき》のなか、春《はる》を待《ま》っています。

ウルフがセンターにきてから七年《ねん》がすぎていました。

朝《あさ》七時半《じはん》、保坂《ほさか》さんが、日課《にっか》となっている朝《あさ》の散歩《さんぽ》に、ウルフを連《つ》れだしました。

「ウルフ、この道《みち》を何度《なんど》、いっしょに歩《ある》いたかなあ。雨《あめ》の日《ひ》も、風《かぜ》の日《ひ》も、雪《ゆき》の日《ひ》も、よく散歩《さんぽ》したよね。でも、おまえといっしょに歩《ある》くのも、きょうが最後《さいご》なんだよ……」

管理《かんり》センターにいるモデル犬《けん》は三匹《びき》。

ウルフは七歳《さい》、エディは九歳《さい》、アイは一歳《さい》。

どこの教室《きょうしつ》にいっても、三匹《びき》とも人気者《にんきもの》です。でも、センターでは、三匹《びき》を、モデル犬《けん》の仕事《しごと》から引退《いんたい》させることにしました。

「ここは終《つい》のすみかではない。かわいがってくれるふつうの飼《か》い主《ぬし》のも

とで、余生《よせい》をすごさせたい」として、里親《さとおや》を希望《きぼう》する人《ひと》へ譲渡《じょうと》すること
に決《き》めたのです。

アイはまだ一歳《さい》で、引退《いんたい》させるような年《とし》ではありませんが、ウルフと
エディといっしょに譲渡《じょうと》することにしました。ウルフとエディがいなく
なったら、きっと不安《ふあん》になるだろうし、一匹《ぴき》だけ取《と》り残《のこ》されてはさびし
いだろうと考《かんが》えたからです。

この日《ひ》の午後《ごご》に、里親《さとおや》になる飼《か》い主《ぬし》がそれぞれ、三匹《びき》を引《ひ》き取《と》りにく
ることになっていました。

「ウルフ、きょうは、こっちの道《みち》からまわろう。いいだろう……」

ウルフの澄《す》んだブルーの瞳《ひとみ》が保坂《ほさか》さんを見《み》つめました。いつものよう
に、信頼《しんらい》のこもった、あたたかいまなざしです。

保坂《ほさか》さんは、いつもの道《みち》を外《はず》れると、杉林《すぎばやし》の奥《おく》へはいっていきました。

こちらの道《みち》を通《とお》ると、センターに帰《かえ》るのは遠《とお》まわりになります。

でも、きょうでウルフと別《わか》れるのかと思《おも》うと、できるだけ長《なが》くいっしょにいたいという気《き》持《も》ちが、センターに戻《もど》る足《あし》を遠《とお》のかせたのです。

＊　＊

一カ月《げつ》ほど前《まえ》のことです。

「また、電話《でんわ》ですよ。里親《さとおや》になりたいという人《ひと》が、もう、二十人以上《にんいじょう》もいます」

三匹《びき》のモデル犬《けん》の引退《いんたい》、譲渡《じょうと》について、地元《じもと》の新聞《しんぶん》に取《と》り上《あ》げられた日《ひ》。朝早《あさはや》くから、里親《さとおや》の申《もう》し込《こ》みが、センターの事務所《じむしょ》に殺到《さっとう》し、電話《でんわ》が鳴《な》りやみません。

「モデル犬《けん》として長《なが》く活躍《かつやく》した犬《いぬ》。これからはのんびりすごしてほしい」

「しつけがきちんとできた犬《いぬ》だったら、ぜひ、わが家《や》の一員《いちいん》になってほしい」

里親《さとおや》を希望《きぼう》する人《ひと》から、ひっきりなしに連絡《れんらく》がはいり、センターでは反響《はんきょう》の大《おお》きさに戸惑《とまど》いました。

「こんなに、希望者《きぼうしゃ》が多《おお》いなんて、思《おも》いもよらなかったね」

「自分《じぶん》の犬《いぬ》や猫《ねこ》を勝手《かって》に捨《す》てる人《ひと》たちがいる反面《はんめん》、骨身《ほねみ》を削《けず》って、そんなペットたちを預《あず》かってくれる動物愛護《どうぶつあいご》団体《だんたい》の人《ひと》がいる。こうして、善意《ぜんい》からモデル犬《けん》を引《ひ》き取《と》りたいという人《ひと》もたくさんいる。うれしいもんですね」

「でも、新《あたら》しい飼《か》い主《ぬし》のもとで、うまくやっていけるだろうか」

「なあに、だいじょうぶですとも。うまくやっていけます。この三匹《びき》なら」

保坂《ほさか》さんは胸《むね》をはって言《い》いました。

三匹《びき》の里親《さとおや》をどの家庭《かてい》にするか、保坂《ほさか》さんたちは、さまざまなことを検討《けんとう》しました。かわいいから、とか、しつけができているから、といった理由《りゆう》だけでは、里親《さとおや》にはなれませんでした。家族構成《かぞくこうせい》や、ハスキーの二匹《ひき》は大型犬《おおがたけん》なので、敷地《しきち》の広《ひろ》さなども考慮《こうりょ》しました。また、じっさいに犬《いぬ》と対面《たいめん》してもらい、相性《あいしょう》をみるなどして、里親《さとおや》を選《えら》びました。

センターで開《ひら》かれた譲渡式《じょうとしき》では、所長《しょちょう》さんからエディ、ウルフ、アイに、感謝状《かんしゃじょう》が贈《おく》られました。

「動物愛護《どうぶつあいご》の精神《せいしん》を教《おし》えるために、よくがんばってくれました」と書《か》かれた感謝状《かんしゃじょう》は、それぞれの里親《さとおや》に手渡《てわた》されました。

ウルフの新《あたら》しい飼《か》い主《ぬし》は石井《いしい》さんに決《き》まりました。

石井《いしい》さんの家族《かぞく》は犬《いぬ》を飼《か》っていましたが、その犬《いぬ》は病気《びょうき》で二年前《ねんまえ》に死《し》んでしまいました。最近《さいきん》になって、ようやく、その悲《かな》しみも癒《い》え、新《あたら》しい犬《いぬ》を飼《か》おうかと考《かんが》えていたところ、新聞《しんぶん》でモデル犬《けん》の譲渡《じょうと》について知《し》り、引《ひ》き取《と》りを希望《きぼう》したのです。

石井《いしい》さんの家《いえ》は南秋田郡《みなみあきたぐん》の、目《め》の前《まえ》に田《た》んぼが広《ひろ》がる自然《しぜん》豊《ゆた》かなところにあります。家《いえ》の庭《にわ》も広《ひろ》く、大型犬《おおがたけん》のウルフにとって、恵《めぐ》まれた環境《かんきょう》といえました。

「それじゃあ、よろしくお願《ねが》いします」

保坂《ほさか》さんがウルフを石井《いしい》さんの車《くるま》に乗《の》せ、静《しず》かに車《くるま》から離《はな》れました。七年《ねん》ほど住《す》んだセンターから、ウルフを乗《の》せた車《くるま》が正門《せいもん》をゆっくり出《で》ていきます。ウルフはほえるわけでもなく、不安《ふあん》そうな顔《かお》を見《み》せるわけでもありません。

「きっと、いつものように、しつけ方教室《かたきょうしつ》に連《つ》れていかれると思《おも》っているんですよ。ウルフはきっと、われわれが別《べつ》の車《くるま》ですぐに追《お》いかけてくるんだと思《おも》っているんですね。そうでなければ、初《はじ》めての石井《いしい》さんの車《くるま》に、あんなにおとなしく乗《の》りませんよ……」

「生後《せいご》二カ月《げつ》のときから、ずっとここに住《す》んできたんだ。わたしらと別《わか》れるなんて、考《かんが》えてもみないことだろうしなあ」

「新《あたら》しい飼《か》い主《ぬし》さんに早《はや》くなれてくれればいいが……」

職員《しょくいん》たちは、ウルフといっしょにすごした日々《ひび》のことを思《おも》い出《だ》すと、つらくなりますが、のんびりした余生《よせい》が送《おく》れることを、心《こころ》の底《そこ》から喜《よろこ》んでもいました。だれもが、さびしさとうれしさとが入《い》りまじった複雑《ふくざつ》な気持《きも》ちでいました。

職員全員《しょくいんぜんいん》で、ウルフが乗《の》った車《くるま》を見送《みおく》りました。

みんなが事務所《じむしょ》にもどってからも、保坂《ほさか》さんは門《もん》の外《そと》でひとり、しばらくたたずんでいました。

「ごめんよ、ウルフ。ウルフはわかっていたんだよな。ここを去《さ》らなければならないことを……。別《わか》れるのはつらいけれど、これで、よかったんだ。ウルフもいつか、きっと、わかってくれる……」

モデル犬《けん》の仕事《しごと》は、あまり年《とし》をとってからではできなくなります。ウルフにとって、保坂《ほさか》さんや職員《しょくいん》の人《ひと》たちと別《わか》れることは悲《かな》しいことですが、この先《さき》、何年《なんねん》も、ここですごすのは、ウルフにとって、もっとつらいことになるかもしれないのです。

盲導犬《もうどうけん》や介助犬《かいじょけん》など、人《ひと》の役《やく》に立《た》つために訓練《くんれん》された犬《いぬ》は、もし、別《べつ》の犬《いぬ》が、飼《か》い主《ぬし》のもとで仕事《しごと》をしているのを見《み》ると、ストレスになるといわれています。働《はたら》きたくても、思《おも》うようにならないイライラが、ふつうの犬《いぬ》よりも強《つよ》いのです。

犬《いぬ》のことを知《し》りつくしている保坂《ほさか》さんは、自分《じぶん》の気持《きも》ちにけじめをつけ、石井《いしい》さんにすべてを託《たく》すよりほかありませんでした。

「ウルフ、長《なが》いあいだ、お疲《つか》れさん。よくがんばってくれたね。ありがとう。これからは、石井《いしい》さんにいっぱいいっぱい、かわいがってもらうんだぞ。幸《しあわ》せになるんだぞ」

石井《いしい》さん夫妻《ふさい》とウルフ。

＊パートナー犬《けん》の登場《とうじょう》＊

ウルフが石井《いしい》さんの家族《かぞく》の一員《いちいん》となって、一カ月《げつ》がすぎたころ、わたしは、子犬《こいぬ》の譲渡会《じょうとかい》が行《おこ》なわれることを知《し》り、動物管理《どうぶつかんり》センターを訪問《ほうもん》することになりました。

まだ時間《じかん》が早《はや》いので、先《さき》に建物《たてもの》の裏《うら》にまわり、持《も》ってきたお花《はな》を慰霊《いれい》碑《ひ》に供《そな》えました。

宮腰所長《みやこししょちょう》さんが譲渡会《じょうとかい》の準備《じゅんび》のために、ちょうど玄関《げんかん》から出《で》てきまし

管理《かんり》センターが行《おこ》なう譲渡会《じょうとかい》。心《こころ》ある人《ひと》たちが、消《き》える運命《うんめい》にあった命《いのち》を救《すく》ってくれる。

た。

「命《いのち》を奪《うば》われた犬《いぬ》や猫《ねこ》に思《おも》いをはせてくれる……ここで働《はたら》くわたしたちにとって、なによりもうれしいことですよ」

「最初《さいしょ》に取材《しゅざい》にうかがった日《ひ》、抑留室《よくりゅうしつ》にいる三匹《びき》の犬《いぬ》と対面《たいめん》してがく然《ぜん》とし、悲《かな》しすぎて目《め》をそむけたい、残酷《ざんこく》な話《はなし》に耳《みみ》をふさぎたいと思《おも》いました。でも、避《さ》けて通《とお》ることはできませんでした。わたしにできることは、この問題《もんだい》を活字《かつじ》にして、できるだけ多《おお》くの人《ひと》に知《し》ってもらうことではないかと考《かんが》えました」

でも……。

動物《どうぶつ》の殺処分問題《さつしょぶんもんだい》は、問題《もんだい》そのものが大《おお》きすぎ、わたしひとりが声《こえ》を大《だい》にして訴《うった》えても、解決《かいけつ》されるわけではありません。

出口《でぐち》が見《み》つからない迷路《めいろ》のようにも思《おも》いました。しかも、深入《ふかい》りすればするほど、罪《つみ》のない動物《どうぶつ》たちが、心《こころ》ない飼《か》い主《ぬし》によって捨《す》てられているというどうしようもない現実《げんじつ》を前《まえ》にして、心《こころ》は重《おも》くなっていきました。でも、知《し》っていながら関《かか》わりたくないと無視《むし》したり、見《み》て見《み》ぬふりをすることは、知《し》らないでいるよりも、よっぽど罪深《つみぶか》いことのように思《おも》えたのです。

この問題《もんだい》は、すぐに解決《かいけつ》できるようなものではありません。

しかし、わたしたちひとりひとりの力《ちから》はささやかなものであっても、なんとかしたい、なんとかしなければという気持《きも》ちが集《あつ》まって、それが大《おお》きな輪《わ》になったら、世《よ》の中《なか》が変《か》えられるほどの力《ちから》になるのではないかと思《おも》いました。

「われわれセンターの責任《せきにん》は大《おお》きいと思《おも》っています。殺処分《さつしょぶん》について、別《べつ》に隠《かく》しているわけではないんですが、実態《じったい》をもっと広《ひろ》く公表《こうひょう》するべきではないかとか、里親《さとおや》制度《せいど》についても、もっと積極的《せっきょくてき》に協力《きょうりょく》を呼《よ》びかけるべきなのではないかとか、いろいろ取《と》り組《く》んでいるところです……」

「全国《ぜんこく》の処分数《しょぶんすう》が五十三万匹《まんびき》というと、あまりにも大《おお》きな数《かず》でピンときませんが、一日当《にちあ》たりに換算《かんざん》すると、千四百匹《せんひゃっぴき》にもなるんです」

「一日《にち》で千《せん》四百匹《ひゃっぴき》ですか……」

「いま、この瞬間《しゅんかん》にも、ガス室《しつ》に閉《と》じ込《こ》められ、人間《にんげん》の手《て》で殺《ころ》されていることを想像《そうぞう》すると、とても切《せつ》なくなります。こんなにもむごい現実《げんじつ》を、知《し》らない人《ひと》のほうが多《おお》いというのは、やはり、おかしいことだと思《おも》います。なんとかして、知《し》らせていくべきではないでしょうか」

「その通《とお》りですね……。きょうの子犬《こいぬ》の譲渡《じょうと》も、捨《す》てられた犬《いぬ》を一匹《ぴき》でも多《おお》く救《すく》いたいとはじめたものなんです。この取《と》り組《く》みについても、ぜひ、見《み》ていってください。それから、最近《さいきん》は、子《こ》どもたちのセンター見《けん》学《がく》もふえています。つぎの世代《せだい》をになう小学生《しょうがくせい》、中学生《ちゅうがくせい》が、捨《す》て犬《いぬ》の問《もん》題《だい》について真剣《しんけん》に考《かんが》える姿《すがた》は頼《たの》もしく、なによりも心強《こころづよ》いことです。動物《どうぶつ》の命《いのち》を慈《いつく》しみ、思《おも》いやる気持《きも》ちこそ、不幸《ふこう》な動物《どうぶつ》をなくすことに、また、処分問題《しょぶんもんだい》をよい方向《ほうこう》に解決《かいけつ》していくことにつながるはずだと思《おも》っています」

「子《こ》どもだからといって、むごいことを教《おし》えないというのではなく、ありのままの世《よ》の中《なか》の現実《げんじつ》を伝《つた》えることも大事《だいじ》だと思《おも》います」

動物《どうぶつ》の命《いのち》も、人間《にんげん》の命《いのち》とおなじように、かけがえのないものだということを、わたしたちは子《こ》どもに教《おし》えなくてはなりません。それは、わたしたち大人《おとな》の責任《せきにん》です。

捨《す》て犬《いぬ》の処分《しょぶん》について知《し》ったら、子《こ》どもたちはきっと、ショックを受《う》けるでしょう。けれども、現実《げんじつ》を知《し》ればこそ、これから自分《じぶん》たちにできることはなんなのかを、真剣《しんけん》に見《み》つめ、考《かんが》えてくれるはずです。

「きょうは、ぜひ、会《あ》ってほしいワンちゃんがいますから、どうぞ」

保坂《ほさか》さんの案内《あんない》で中庭《なかにわ》にいってみました。すると、二匹《ひき》の犬《いぬ》がしっぽをふりながら、一目散《いちもくさん》に走《はし》ってきました。

「新《あたら》しい仲間《なかま》なんです。ラブラドールがマオ。そして、こっちの幸《さち》は、柴犬《しばいぬ》の血《ち》が混《ま》じっている雑種《ざっしゅ》。ウルフたちの仕事《しごと》を引《ひ》き継《つ》ぐワンちゃんです。幸《さち》は新入《しんい》りの子犬《こいぬ》で、訓練《くんれん》をはじめたばかりですが」

県庁《けんちょう》の中庭《なかにわ》で開《ひら》かれた「犬《いぬ》のしつけ方教室《かたきょうしつ》」での、
ふれあいコーナー。

「へえ、新《あたら》しいモデル犬《けん》ですか……。ウルフとエディとアイちゃんのこと、新聞《しんぶん》で見《み》ましたけれど、保坂《ほさか》さん、手放《てばな》してしまって、さびしくはありませんか」

「そりゃ、さびしくないといったら、うそになります。でも、年《とし》をとったら、ここでモデル犬《けん》の仕事《しごと》はできなくなります。ふつうの家族《かぞく》の一員《いちいん》として、あたたかく見守《みまも》られる生活《せいかつ》をさせてあげたいんです。里親《さとおや》さんは、たっぷりの愛情《あいじょう》をもって接《せっ》してくれるはずだし、幸《しあわ》せな余生《よせい》をすごしてもらえると信《しん》じています。われわれの気持《きも》ち、くみとっていただけるでしょうか」

保坂《ほさか》さんが話《はな》しているあいだ、マオと幸《さち》が横《よこ》にぴったりと寄《よ》り添《そ》っています。もう、すっかり心《こころ》がかよい、なついているようです。

「このマオと幸《さち》は、パートナー犬《けん》と呼《よ》ぶことにしました。引《ひ》き取《と》った捨《す》て犬《いぬ》のなかから選《えら》んで、しつけをしなおして、新《あたら》しい飼《か》い主《ぬし》を見《み》つけて譲渡《じょうと》する。このシステムで、一匹《ぴき》でも多《おお》く、救《すく》いたいと考《かんが》えているんですよ」

「モデル犬《けん》とはちがうんですか」

「もちろん、訓練《くんれん》をおえたら、しつけ方教室《かたきょうしつ》でお手本《てほん》を見《み》せる役《やく》をしてもらいます。でも、マオと幸《さち》は、一年《ねん》ほどで譲渡《じょうと》するつもりです。だから、モデル犬《けん》というよりは、パートナー犬《けん》と呼《よ》ぶほうがふさわしいと……」

「成犬《せいけん》の譲渡《じょうと》というわけですね」

「そうです。一匹《ぴき》でも多《おお》くとは思《おも》いますが、しつけをしなおすのは、時《じ》間《かん》も手間《てま》もかかります。ここに連《つ》れてこられたということは、なんらかの傷《きず》を負《お》っているわけですから。たとえば、飼《か》い主《ぬし》に捨《す》てられたのなら、人間不信《にんげんふしん》になるなど、心《こころ》に傷《きず》を負《お》っているかもしれません。成犬《せいけん》の場合《ばあい》は、どんな育《そだ》てられ方《かた》をしたのか、どんな癖《くせ》があるのか見《み》きわめないと、新《あたら》しい飼《か》い主《ぬし》に引《ひ》き取《と》られてから問題《もんだい》が起《お》きることがよくあります。だから、ここで、じっくりとしつけをしなおし、いろいろな人《ひと》になれてからでないと、一般《いっぱん》の方《かた》に譲渡《じょうと》できないんですよ」

「根気《こんき》のいる仕事《しごと》ですね。でも、ここで訓練《くんれん》してもらった犬《いぬ》だったら、人間《にんげん》のよきパートナーとして、おすみつきのワンちゃんですね。引《ひ》き取《と》りたいという人《ひと》は、いっぱいいるんじゃありませんか」

「ええ、子犬《こいぬ》の譲渡《じょうと》と成犬《せいけん》の譲渡《じょうと》。なんとか、がんばっていこうと思《おも》います。でも、捨《す》て犬《いぬ》がいなければ、譲渡《じょうと》する必要《ひつよう》もないわけですからね。

あくまでも、捨《す》て犬《いぬ》のいない世《よ》の中《なか》にすることをめざしてのことです」

マオと幸《さち》が、さっきから、保坂《ほさか》さんの顔《かお》をまっすぐ見《み》つめています。

その目《め》は輝《かがや》き、信頼《しんらい》のこもったまなざしです。

「マオ、幸《さち》、がんばってね。今度《こんど》は、いい飼《か》い主《ぬし》さんにめぐりあえたらいいね」

＊人間《にんげん》と犬《いぬ》との関係《かんけい》＊

子犬《こいぬ》の譲渡制度《じょうとせいど》を設《もう》ける処分施設《しょぶんしせつ》は全国各地《ぜんこくかくち》にありますが、成犬《せいけん》の譲《じょう》渡《と》をする施設《しせつ》は珍《めずら》しいようです。それは、成犬《せいけん》のしつけをやり直《なお》すのは、非常《ひじょう》にむずかしいといわれているからです。

けれども、保坂《ほさか》さんはじめ、ここの職員《しょくいん》の人《ひと》たちは、「しつけはやり直《なお》せる」と信《しん》じています。手探《てさぐ》りをつづけながら、長年《ながねん》の経験《けいけん》でわかったことです。

センターに連《つ》れてこられたとき、まともに歩《ある》けないほど衰弱《すいじゃく》した犬《いぬ》がいました。保坂《ほさか》さんを見《み》る目《め》はおびえきっています。飼《か》い主《ぬし》に遊《あそ》んでもらったことがないのか、保坂《ほさか》さんが投《な》げたボールを追《お》いかけようともしないばかりか、犬《いぬ》の好物《こうぶつ》の骨《ほね》を口《くち》に入《い》れてあげても、かもうともしません。虐待《ぎゃくたい》されていたのか、心《こころ》も体《からだ》もボロボロだったのです。

でも、一日《にち》一日《にち》と、少《すこ》しずつですが、保坂《ほさか》さんに心《こころ》を開《ひら》き、一週間《しゅうかん》ほどして骨《ほね》をかむようになりました。

一カ月後《げつご》にはボールを喜《よろこ》んで追《お》いかけるようになりました。

この、チョコと名《な》づけられたラブラドールのめす犬《いぬ》は、その後《ご》、しつけ方教室《かたきょうしつ》で参加者《さんかしゃ》にお手本《てほん》を見《み》せられるほどになり、八カ月後《げつご》には、県《けん》南《なん》の町《まち》に住《す》む家族《かぞく》に、パートナー犬《けん》として譲渡《じょうと》されました。

「子犬《こいぬ》であろうと成犬《せいけん》であろうと、そして、飼《か》い主《ぬし》が代《か》わろうとも、人間《にんげん》がちゃんと愛情《あいじょう》をかけてやれば、犬《いぬ》のほうだって、ちゃんと応《こた》えてくれる……。犬《いぬ》とは、そういう動物《どうぶつ》なんですよ……」

しつけによって犬《いぬ》は素直《すなお》になり、その表情《ひょうじょう》も生《い》き生《い》きとしてきます。そのことはセンターでしつけられた犬《いぬ》たちを見《み》ていると、よくわかります。職員《しょくいん》らの手《て》によって、心《こころ》に傷《きず》を負《お》った犬《いぬ》や、虐待《ぎゃくたい》されて暗《くら》い影《かげ》を引《ひ》きずった犬《いぬ》が、穏《おだ》やかな性格《せいかく》に変《か》わります。それは一朝一夕《いっちょういっせき》にはできませんが、犬《いぬ》が人《ひと》の愛情《あいじょう》によって変《か》わっていくことだけはたしかなのです。

パートナー犬《けん》の譲渡《じょうと》は、まだスタートしたばかりですが、理解《りかい》してくれる人《ひと》がふえれば、もっと多《おお》くの捨《す》て犬《いぬ》を救《すく》うことにつながるはずです。
人間《にんげん》は勝手《かって》な理由《りゆう》で、かわいがってきたペットを捨《す》てています。たとえば……
かわいくなくなった。
飽《あ》きた。
大《おお》きくなりすぎた。
年《とし》をとった。
かみつく。
ほえる。
言《い》うことをきかない。
こんなに手間《てま》がかかるとは思《おも》わなかった。

散歩《さんぽ》をさせるのがめんどうになった。

えさ代《だい》がかかる。

病気《びょうき》になった。

けがをした。

引《ひ》っ越《こ》すから。

ほんとうにわがままな理由《りゆう》ばかりです。

犬《いぬ》を飼《か》いはじめたら、犬《いぬ》の扱《あつか》いすべてにおいて、飼《か》い主《ぬし》の責任《せきにん》がついてまわります。なにより大切《たいせつ》なことは、最後《さいご》まで、パートナーとして、また、家族《かぞく》の一員《いちいん》としてめんどうをみるということです。もし、そのような自信《じしん》がないなら、飼《か》ってはいけないいし、飼《か》い主《ぬし》にはなれないということなのです。

保坂《ほさか》さんたちの奮闘《ふんとう》ぶりには、ほんとうに頭《あたま》が下《さ》がります。しつけ方《かた》教室《きょうしつ》で、飼《か》い主《ぬし》と犬《いぬ》のようすをいろいろ見《み》ているうち、大切《たいせつ》なのは人間《にんげん》が犬《いぬ》との信頼関係《しんらいかんけい》をつくることだと思《おも》いました。

信頼関係《しんらいかんけい》を飼《か》い主《ぬし》がつくれないから、見捨《みす》てる。信頼関係《しんらいかんけい》があれば、けっして、飼《か》い主《ぬし》は犬《いぬ》を見捨《みす》てたりはしないだろうと思《おも》いました。

「センターのみなさんが、しつけ方教室《かたきょうしつ》を開《ひら》いて、飼《か》い主《ぬし》と犬《いぬ》のふれあいに力《ちから》を注《そそ》いでいる理由《りゆう》がよくわかります」

「そう言《い》ってもらえると、救《すく》われますよ。じつをいうと、わたしはね、しつけ方教室《かたきょうしつ》で飼《か》い主《ぬし》さんたちにしつけのコツなどを教《おし》えるようになって、やっと、自分《じぶん》の仕事《しごと》に誇《ほこ》りが持《も》てるようになったんです。十年《ねん》ほど前《まえ》までは、いまよりも処分数《しょぶんすう》が多《おお》くて、一週間《しゅうかん》に二度《ど》も三度《ど》も処分《しょぶん》しないと追《お》いつかず、心《こころ》も体《からだ》もボロボロでした……。そんな仕事《しごと》をしている自分《じぶん》が情《なさ》けなく、つらくて落《お》ち込《こ》む毎日《まいにち》でした」

「保坂《ほさか》さんは、ガス室《しつ》の最後《さいご》のボタンを押《お》すのですから、そのつらさは、言葉《ことば》に表《あら》わせないほどだろうと思《おも》います」

「三十五年間《ねんかん》、殺処分《さつしょぶん》にたずさわってきて、救《すく》いたくても救《すく》えなかった命《いのち》……看取《みと》った犬《いぬ》と猫《ねこ》は、八万匹《まんびき》を越《こ》えます……。ようやく、最近《さいきん》になって、責任《せきにん》をはたしているような気持《きも》ちになってきました」

三十五年《ねん》もの長《なが》いあいだ、毎日毎日《まいにちまいにち》、捨《す》てられた命《いのち》と向《む》き合《あ》い、人知《ひとし》れず消《き》えていく命《いのち》を見守《みまも》ってきた保坂《ほさか》さん。心《こころ》の底《そこ》から犬《いぬ》が好《す》きだからこそ、この仕事《しごと》をつづけてこられたのではないでしょうか。

＊ 子犬《こいぬ》の譲渡会《じょうとかい》 ＊

「キャン、キャンキャンキャン」

「クン、クン」

子犬《こいぬ》たちのかん高《だか》い声《こえ》が響《ひび》いています。

生後《せいご》二～三カ月《げつ》の子犬《こいぬ》が八匹《ぴき》、ケージのなかで元気《げんき》に鳴《な》いているのです。動物管理《どうぶつかんり》センターの前庭《まえにわ》には、子《こ》どもから大人《おとな》まで、おおぜいの家族連《かぞくづ》れが集《あつ》まっていました。

動物管理《どうぶつかんり》センターでは、一匹《ぴき》でも多《おお》くの命《いのち》を救《すく》おうと、平成《へいせい》六年度《ねんど》から子犬《こいぬ》の譲渡《じょうと》をはじめました。子犬《こいぬ》に基本的《きほんてき》なしつけをして里親《さとおや》をさがしますが、避妊《ひにん》・去勢手術《きょせいしゅじゅつ》は、里親《さとおや》がすることを義務《ぎむ》づけています。これまで譲渡《じょうと》した子犬《こいぬ》は、百五十匹《ひゃくごじゅっぴき》ほどになります。

いまでは里親《さとおや》になりたいという希望者《きぼうしゃ》が多《おお》く、希望者《きぼうしゃ》リストにはすでに三十人《にん》もの名前《なまえ》があります。順番《じゅんばん》がくるのを何《なん》カ月《げつ》も待《ま》っている人《ひと》がほとんどです。

ペットショップから買《か》うよりも、捨《す》てられた不幸《ふこう》な運命《うんめい》の子犬《こいぬ》を引《ひ》き取《と》り、家族《かぞく》の一員《いちいん》として育《そだ》てたいという人《ひと》が、確実《かくじつ》にふえているのです。

「こんにちは。保坂《ほさか》さんですよね。去年《きょねん》、しつけ方教室《かたきょうしつ》でいろいろ教《おし》えていただきました。二歳《さい》のおす犬《いぬ》がほえて大変《たいへん》だったんですが、おかげ

新《あたら》しい飼《か》い主《ぬし》さんに子犬《こいぬ》を手渡《てわた》す保坂《ほさか》さん。

さまで、いうことを聞《き》くようになり、ほえなくなりました。きょうは、娘《むすめ》が、もう一匹《ぴき》、犬《いぬ》を飼《か》いたいというので、申《もう》し込《こ》んでいたんです。ぜひ、このセンターから、子犬《こいぬ》を引《ひ》き取《と》りたいと思《おも》って……」

「そうでしたか。それは、どうもどうも」

親子《おやこ》四人《にん》の家族《かぞく》連《づ》れに声《こえ》をかけられ、保坂《ほさか》さんは帽子《ぼうし》をとっておじぎをしました。

女《おんな》の子《こ》が、ポメラニアンの子犬《こいぬ》を大事《だいじ》そうに抱《だ》っこしています。

「すごく軽《かる》いの。毛《け》が柔《やわ》らかくってフワフワ。かわいい……」

「保坂《ほさか》さんのように、立派《りっぱ》にしつけられるように、家族《かぞく》みんなでがんばります」

女《おんな》の子《こ》の隣《となな》りで、お母《かあ》さんが言《い》いました。

「最初《さいしょ》のワンちゃんを、ほえないようにしつけられたみなさんですから、安心《あんしん》してお任《まか》せできます。よろしくお願《ねが》いします」

「クーン、クーン」

「よかったなあ、いっぱい、かわいがってもらうんだぞ」

保坂《ほさか》さんは子犬《こいぬ》をなでました。そして、女《おんな》の子《こ》の肩《かた》に手《て》を置《お》きました。

大《おお》きくて厚《あつ》みのある保坂《ほさか》さんの手《て》。

女《おんな》の子《こ》が、にっこりほほえみました。

消《き》えかかった命《いのち》が、リレーによって、女《おんな》の子《こ》に手渡《てわた》された瞬間《しゅんかん》でした。

譲渡会《じょうとかい》がおわり、八匹《ぴき》の子犬《こいぬ》たちはそれぞれの里親《さとおや》に連《つ》れられて、新《あたら》しい家《いえ》に向《む》かいました。

子犬《こいぬ》たちのやんちゃな鳴《な》き声《ごえ》が消《き》え、管理《かんり》センターにはいつもの静《しず》けさがもどりました。
あと片付《かたづ》けをすませた保坂《ほさか》さんは、ほっとした顔《かお》になりました。
でも……。
保坂《ほさか》さんの目《め》の前《まえ》には、センターの建物《たてもの》の煙突《えんとつ》が空《そら》に向《む》かってのびています。

「あしたは金曜日《きんようび》……。
処分《しょぶん》の日《ひ》だ……。
抑留室《よくりゅうしつ》にいる五匹《ひき》の犬《いぬ》をガス室《しつ》に送《おく》らなければならない……」
保坂《ほさか》さんは、深《ふか》いためいきをつきました。

「あの煙突《えんとつ》からの煙《けむり》を見《み》なくてすむようになるのは、いったい、いつなんだろう。ガス室《しつ》のボタンを押《お》さなくてもいい日《ひ》は、いつくるんだろう。……あきらめはしない。いつか、きっとくる。かならず……」

おわり

あとがき

　秋田市《あきたし》にある秋田県動物管理《あきたけんどうぶつかんり》センターを訪問《ほうもん》することにしたのは、地元《じもと》の新聞《しんぶん》に紹介《しょうかい》された「動物愛護《どうぶつあいご》に関《かん》するアンケート」の結果《けっか》を目《め》にしたのが、そもそものきっかけでした。

　これは、秋田県《あきたけん》が二〇〇二年《ねん》に行《おこ》なった調査《ちょうさ》で、県内《けんない》の十歳以上《さいいじょう》の二千百人《せんひゃくにん》からの回答《かいとう》をもとに、ペットの飼育状況《しいくじょうきょう》、動物愛護《どうぶつあいご》への関心《かんしん》度《ど》などをまとめたものです。

　ペットを飼《か》う人《ひと》がふえ、全国《ぜんこく》で飼《か》われている犬《いぬ》と猫《ねこ》は推定《すいてい》で千八百万《せんはっぴゃくまん》匹《びき》ともいわれています。秋田県内《あきたけんない》でも、約半分《やくはんぶん》の世帯《せたい》で犬《いぬ》や猫《ねこ》、熱帯魚《ねったいぎょ》や金魚《きんぎょ》、ハムスター、鳥《とり》などのペットを飼《か》っていることがわかりました。

アンケートによると、ペットを飼《か》う理由《りゆう》は、「動物《どうぶつ》が好《す》き」「気持《きも》ちが和《やわ》らぐ」「家族《かぞく》の一員《いちいん》として」「子《こ》どもの情操教育《じょうそうきょういく》に」などがあげられました。犬《いぬ》や猫《ねこ》を家族《かぞく》とおなじようにあつかい、生活《せいかつ》を共《とも》にする人《ひと》がふえていることがわかったのです。

一方《いっぽう》で、飼《か》えなくなった犬《いぬ》や猫《ねこ》を保健所《ほけんじょ》が引《ひ》き取《と》り、安楽死《あんらくし》処分《しょぶん》することについては、「かわいそうだが仕方《しかた》がない」が58％、「処分《しょぶん》は当然《とうぜん》」が5％。「行《おこ》なうべきではない」は23％でした。

「かわいそうだけれども、仕方《しかた》がない」

それは、どういうことなのでしょう。

かわいがってきたペットを、なんらかの理由《りゆう》で手放《てばな》したり、もらい手《て》が見《み》つからないから、保健所《ほけんじょ》に引《ひ》き取《と》ってもらったりする……それを、しょうがないことだと考《かんが》えている人《ひと》が半数《はんすう》を越《こ》えるのです。

かわいがっていても飽《あ》きたり、考《かんが》えていたより手《て》がかかるからと、ペットを捨《す》ててしまう人《ひと》たち。

ペットは物《もの》なの？

壊《こわ》れたおもちゃを捨《す》てるように、ペットも捨《す》ててしまうの？

なぜ？

どうして？

わたしには、理解《りかい》できないことでした。

疑問《ぎもん》がふくらむにつれ、捨《す》てられたペットたちが最後《さいご》に行《い》き着《つ》く先《さき》、「処分《しょぶん》施設《しせつ》」とはどんなところなのだろうと、思《おも》いはじめました。

二〇〇二年度《ねんど》の統計資料《とうけいしりょう》を調《しら》べたところ、秋田県《あきたけん》の殺処分《さつしょぶん》の数《かず》は、犬《いぬ》と猫《ねこ》を合《あ》わせると、一年間《ねんかん》に三千匹《ぜんびき》を越《こ》えることがわかりました。全国《ぜんこく》では、なんと五十万匹《まんびき》に上《のぼ》ることも知《し》りました。（本文中《ほんぶんちゅう》の数字《すうじ》もこれをもとにしています）

「こんなに多《おお》く。なぜ？」

疑問《ぎもん》はますますふくらむばかりでした。

どんな人《ひと》がペットを捨《す》てるのだろう？

保健所《ほけんじょ》ではすぐに引《ひ》き取《と》ってくれるのだろうか？

殺処分《さつしょぶん》はどんな方法《ほうほう》でするのだろうか？

それは安楽死《あんらくし》なのだろうか？

行政《ぎょうせい》の責任《せきにん》は？

捨《す》てられるペットを減《へ》らす対策《たいさく》は？

どうすれば、かわいそうな動物《どうぶつ》が救《すく》えるのだろう。

動物《どうぶつ》の愛護《あいご》に関《かん》するアンケートの記事《きじ》が、わたしのなかで、愛護《あいご》ではなく「殺処分《さつしょぶん》」「ペット遺棄《いき》」につながっていったのです。


みなさんにも、ぜひ、考《かんが》えてほしいのです。


愛護《あいご》とはなんなのか。

命《いのち》とはなんなのか。

ペットとはなんなのか。

そして、動物《どうぶつ》の殺処分問題《さつしょぶんもんだい》を……。

結論《けつろん》はでないかもしれません。

でも、失《うしな》われていく多《おお》くの命《いのち》に思《おも》いをはせ、自分《じぶん》になにができるのかを考《かんが》えることは、とても大事《だいじ》なことだと思《おも》います。この本《ほん》が、そのための材料《ざいりょう》となってくれればと思《おも》います。

そして、自分《じぶん》にできることからはじめることこそ大切《たいせつ》です。

命《いのち》はつながっています。

そして、命《いのち》の価値《かち》は平等《びょうどう》です。

人間《にんげん》も、犬《いぬ》もそして猫《ねこ》も、そのほかの生《い》きもののも、みんな命《いのち》の価値《かち》は平等《びょうどう》なのです。

今回《こんかい》、執筆《しっぴつ》にあたり快《こころよ》く取材《しゅざい》に応《おう》じてくださったウルフの里親《さとおや》の、石《いし》井久光《いひさみつ》さん、ヤエさん、やよいさんご家族《かぞく》にお礼《れい》を申《もう》しあげます。

「秋田県動物管理《あきたけんどうぶつかんり》センター」の宮腰智也《みやこしともや》所長《しょちょう》、保坂繁《ほさかしげる》さんはじめ、職員《しょくいん》のみなさまには大変《たいへん》お世話《せわ》になりました。センター内《ない》をご案内《あんない》いただき、また、しつけ方教室《かたきょうしつ》や子犬《こいぬ》の譲渡会《じょうとかい》などを通《つう》じて、殺処分問題《さつしょぶんもんだい》の現状《げんじょう》、センターの役割《やくわり》や取《と》り組《く》みなどについても、いろいろと教《おし》えていただきました。心《こころ》より感謝《かんしゃ》いたします。

最後《さいご》に、出身地《しゅっしんち》・秋田《あきた》の処分施設《しょぶんしせつ》を舞台《ぶたい》に、捨《す》て犬《いぬ》・捨《す》て猫《ねこ》の処分問《しょぶんもん》題《だい》を取《と》り上《あ》げたルポを、このような本《ほん》にして世《よ》に送《おく》り出《だ》してくださったハート出版《しゅっぱん》の日高裕明《ひだかひろあき》社長《しゃちょう》、藤川《ふじかわ》すすむ編集長《へんしゅうちょう》に、厚《あつ》くお礼《れい》を申《もう》しあげたいと思《おも》います。

二〇〇五年《ねん》四月《がつ》　キャンベラにて　　池田《いけだ》まき子《こ》

著者紹介

池田まき子（いけだ まきこ）

1958年秋田県鹿角市生まれ。雑誌の編集者を経て、1988年留学のためオーストラリアへ渡って以来、首都キャンベラ市に在住。フリーライター。

著書に「車いすの犬チャンプ」「いのちの鼓動が聞こえる」（当社刊）、「走れたいよう　天国の草原を」（秋田魁新報社）、「アボリジニのむかしばなし」（新読書社）、「男鹿水族館ＧＡＯの本」（無明舎出版）、紙芝居「カンガルーのポケット」（童心社）、訳書に「すすにまみれた思い出－家族の絆をもとめて」（金の星社／産経児童出版文化賞受賞）、「フールーはどこ？」（共訳書／カワイ出版）などがある。

本文中使用した写真
秋田県動物管理センター提供――カバー ,51,59,67,81,93（2 枚）,109,115,129 頁
池田まき子―― 4,17,29,31,45,107 頁

カバー袖イラスト――スーボー
カバーデザイン――サンク

殺処分《さつしょぶん》の運命《うんめい》からアイドルになった白《しろ》いハスキー

3日《みっか》の命《いのち》を救《すく》われた犬《いぬ》ウルフ

平成17年 5 月27日　第 1 刷発行
平成18年12月26日　第 4 刷発行

ISBN4-89295-515-9 C8093

発行者　日高裕明
発行所　ハート出版

〒171-0014
東京都豊島区池袋 3-9-23
TEL・03-3590-6077　FAX・03-3590-6078
ハート出版ホームページ http://www.810.co.jp/

印刷　中央精版印刷

★乱丁、落丁はお取り替えします。その他お気づきの点がございましたら、お知らせ下さい。
編集担当／藤川すすむ